# scikit-learn
# 机器学习 第2版

## Mastering Machine Learning with scikit-learn
## Second Edition

[美] 加文·海克（Gavin Hackeling）著　张浩然 译

人民邮电出版社
北京

**图书在版编目（CIP）数据**

scikit-learn机器学习：第2版 / （美）加文·海克
（Gavin Hackeling）著；张浩然译. -- 北京：人民邮
电出版社，2019.2（2024.5重印）
ISBN 978-7-115-50340-4

Ⅰ. ①s… Ⅱ. ①加… ②张… Ⅲ. ①机器学习 Ⅳ.
①TP181

中国版本图书馆CIP数据核字(2018)第284538号

## 版 权 声 明

◆ 著　　　　[美] 加文·海克（Gavin Hackeling）

　　译　　　　张浩然

　　责任编辑　胡俊英

　　责任印制　焦志炜

◆ 人民邮电出版社出版发行　　北京市丰台区成寿寺路 11 号

　　邮编　100164　　电子邮件　315@ptpress.com.cn

　　网址　http://www.ptpress.com.cn

　　北京七彩京通数码快印有限公司印刷

◆ 开本：800×1000　1/16

　　印张：13.5　　　　　　　　2019 年 2 月第 1 版

　　字数：260 千字　　　　　　2024 年 5 月北京第 22 次印刷

　　著作权合同登记号　图字：01-2017-9190 号

定价：59.00 元

读者服务热线：(010)81055410　印装质量热线：(010)81055316
反盗版热线：(010)81055315
广告经营许可证：京东市监广登字20170147号

# 内容提要

近年来，Python 语言成为了广受欢迎的编程语言，而它在机器学习领域也有着卓越的表现。scikit-learn 是一个用 Python 语言编写的机器学习算法库，它可以实现一系列常用的机器学习算法，是一个不可多得的好工具。

本书通过 14 章内容，详细地介绍了一系列机器学习模型和 scikit-learn 的使用技巧。本书从机器学习的基础理论讲起，涵盖了简单线性回归、K-近邻算法、特征提取、多元线性回归、逻辑回归、朴素贝叶斯、非线性分类、决策树回归、随机森林、感知机、支持向量机、人工神经网络、K-均值算法、主成分分析等重要话题。

本书适合机器学习领域的工程师学习，也适合想要了解 scikit-learn 的数据科学家阅读。通过阅读本书，读者将有效提升自己在机器学习模型的构建和评估方面的能力，并能够高效地解决机器学习难题。

# 作者简介

加文·海克（Gavin Hackeling）是一名数据科学家和作家。他研究过各种各样的机器学习问题，包括自动语音识别、文档分类、目标识别以及语义切分。他毕业于北卡罗来纳大学和纽约大学，目前他和妻子以及小猫生活在布鲁克林。

感谢我的妻子Hallie，以及scikit-learn社区。

# 审稿人简介

　　奥列格·奥肯（Oleg Okun）是一位机器学习专家，他还是 4 本书、许多期刊文章和会议论文的作者/编辑。他的职业生涯已经超过四分之一个世纪。他受雇于包括他的祖国（白罗斯）和国外（芬兰、瑞典和德国）的学术机构和企业。他的工作经验涉及文本图片分析、指纹生物技术、生物信息学、在线/离线市场分析、信用评估和文本分析领域。

　　他对分布式机器学习和物联网感兴趣，目前居住在德国汉堡市。

　　我想对父母为我做的一切表示最深切的感激。

# 前言

近些年来，机器学习已经成为大家热衷的话题。在机器学习领域，各式各样的应用层出不穷。其中的一些应用（例如垃圾邮件过滤器）已经被广泛使用，却反而因为太成功而变得平淡无奇。很多其他的应用直到近些年才纷纷出现，它们无一不在昭示着机器学习带来的无限可能。

在本书中，我们将分析一些机器学习模型和学习算法，讨论一些常用的机器学习任务，同时也会学习如何衡量机器学习系统的性能。我们将使用一个用 Python 编程语言编写的类库 scikit-learn，它包含了最新机器学习算法的实现，其 API 也很直观通用。

## 本书涵盖内容

第 1 章，机器学习基础。本章给出了机器学习的定义：机器学习是对如何通过从经验中学习来改善工作性能的研究和设计。该定义提纲挈领地引出了后续的章节，在后续的每个章节中，我们都将分析一种机器学习模型，将其运用于现实工作中，并衡量其性能。

第 2 章，简单线性回归。本章讨论了将单个特征同连续响应变量联系起来的模型。我们将学习代价函数，以及使用范式函数优化模型的相关知识。

第 3 章，用 K-近邻算法分类和回归。本章介绍了一个用于分类和回归任务的简单的非线性模型。

第 4 章，特征提取。本章介绍了将文本、图片以及分类变量表示为机器学习模型可用特征的技术。

第 5 章，从简单线性回归到多元线性回归。本章讨论了简单线性回归模型的扩展——多元线性回归模型，它能在多个特征上对连续响应变量进行回归。

第 6 章，从线性回归到逻辑回归。本章将多元线性回归模型做了进一步推广，并介绍了一个用于二元分类任务的模型。

第 7 章，朴素贝叶斯。本章讨论了贝叶斯定理和朴素贝叶斯分类器，同时对生成模型和判别模型进行了对比。

第 8 章，非线性分类和决策树回归。本章介绍了决策树这种用于分类和回归任务的简单模型。

第 9 章，集成方法：从决策树到随机森林。本章讨论了 3 种用于合并模型的方法，它们分别是套袋法（bagging）、推进法（boosting）和堆叠法（stacking）。

第 10 章，感知机。本章内容介绍了一种用于二元分类的简单在线模型。

第 11 章，从感知机到支持向量机。本章讨论了一种可用于分类和回归的强大的判别模型——支持向量机，同时还介绍了一种能有效将特性投影到高维度空间的技巧。

第 12 章，从感知机到人工神经网络。本章介绍了一种建立在人工神经元图结构基础上，用于分类和回归任务的强大的非线性模型。

第 13 章，K-均值算法。本章讨论了一种在无标记数据中发现结构的算法。

第 14 章，使用主成分分析降维。本章讨论了一种用于降低数据维度以缓和维度灾难的方法。

## 准备工作

运行本书中的例子需要 Python 版本 2.7 或者 3.3，以及 pip—PyPA 工作组推荐使用的 Python 包安装工具。书中的例子预期在 Jupyter notebook 环境中或者 IPython 解释器环境中运行。第 1 章详细说明了如何在 Ubuntu、MacOS 和 Windows 环境下安装 scikit-learn 0.18.1 版本类库及其依赖项目和其他类库。

## 目标读者

本书的目标读者是希望了解机器学习算法是如何运行，想培养机器学习使用直觉的软件工程师。本书的目标读者也包含希望了解 scikit-learn 类库 API 的数据科学家。读者不需要熟悉机器学习基础和 Python 编程语言，但具备相关基础对阅读本书很有帮助。

## 排版约定

在本书中，你会发现一些不同的文本样式，用以区别不同种类的信息。下面对一些样式及其意义举例进行说明。

代码片段、数据库表名、目录名、文件名、文件扩展名、路径名、URL、用户输入、以及推特用户名会如下印刷："由于 scikit-learn 不是一个有效的 Python 包名称，该类库被命名为 sklearn"。

```
# In[1]:
import sklearn
sklearn.__version__

# Out[1]:
'0.18.1'
```

**新术语**和**重要语句**会加粗印刷。

 这个图标表示警告或需要特别注意的内容。

 这个图标表示提示或者技巧。

# 资源与支持

本书由异步社区出品，社区（https://www.epubit.com/）为您提供相关资源和后续服务。

## 配套资源

本书提供配套源代码，要获得该配套资源，请在异步社区本书页面中单击 配套资源 ，跳转到下载界面，按提示进行操作即可。注意：为保证购书读者的权益，该操作会给出相关提示，要求输入提取码进行验证。

如果您是教师，希望获得教学配套资源，请在社区本书页面中直接联系本书的责任编辑。

## 提交勘误

作者和编辑尽最大努力来确保书中内容的准确性，但难免会存在疏漏。欢迎您将发现的问题反馈给我们，帮助我们提升图书的质量。

当您发现错误时，请登录异步社区，按书名搜索，进入本书页面，单击"提交勘误"，输入勘误信息，单击"提交"按钮即可。本书的作者和编辑会对您提交的勘误进行审核，确认并接受后，您将获赠异步社区的 100 积分。积分可用于在异步社区兑换优惠券、样书或奖品。

## 扫码关注本书

扫描下方二维码，您将会在异步社区微信服务号中看到本书信息及相关的服务提示。

## 与我们联系

我们的联系邮箱是 contact@epubit.com.cn。

如果您对本书有任何疑问或建议，请您发邮件给我们，并请在邮件标题中注明本书书名，以便我们更高效地做出反馈。

如果您有兴趣出版图书、录制教学视频，或者参与图书翻译、技术审校等工作，可以发邮件给我们；有意出版图书的作者也可以到异步社区在线提交投稿（直接访问 www.epubit.com/selfpublish/submission 即可）。

如果您是学校、培训机构或企业，想批量购买本书或异步社区出版的其他图书，也可以发邮件给我们。

如果您在网上发现有针对异步社区出品图书的各种形式的盗版行为，包括对图书全部或部分内容的非授权传播，请您将怀疑有侵权行为的链接发邮件给我们。您的这一举动是对作者权益的保护，也是我们持续为您提供有价值的内容的动力之源。

## 关于异步社区和异步图书

"异步社区"是人民邮电出版社旗下IT专业图书社区，致力于出版精品IT技术图书和相关学习产品，为作译者提供优质出版服务。异步社区创办于2015年8月，提供大量精品IT技术图书和电子书，以及高品质技术文章和视频课程。更多详情请访问异步社区官网 https://www.epubit.com。

"异步图书"是由异步社区编辑团队策划出版的精品IT专业图书的品牌，依托于人民邮电出版社近30年的计算机图书出版积累和专业编辑团队，相关图书在封面上印有异步图书的LOGO。异步图书的出版领域包括软件开发、大数据、AI、测试、前端、网络技术等。

异步社区

微信服务号

# 目录

# 第 1 章
# 机器学习基础

在本章中，我们将回顾机器学习中的基础概念，比较监督学习和无监督学习，讨论训练数据、测试数据和验证数据的用法，并了解机器学习应用。最后，我们将介绍 scikit-learn 库，并安装后续章节中需要的工具。

## 1.1 定义机器学习

长久以来，我们的想象力一直被那些能够学习和模仿人类智慧的机器所吸引。尽管具有一般人工智能的机器（比如阿瑟·克拉克笔下的 HAL 和艾萨克·阿西莫夫笔下的 Sonny）仍然没有实现，但是能够从经验中获取新知识和新技能的软件正在变得越来越普遍。我们使用这些机器学习程序去寻找自己可能喜欢的新音乐，找到自己真正想在网上购买的鞋子。机器学习程序允许我们对智能手机下达命令，并允许用恒温控制器自动设置温度。机器学习程序可以比人类更好地破译书写凌乱的邮寄地址，并更加警觉地防止信用卡欺诈。从研发新药到估计一个头条新闻的页面访问量，机器学习软件正在成为许多行业的核心部分。机器学习甚至已经侵占了许多长久以来一直被认为只有人类能涉及的领域，例如撰写一篇关于杜克大学篮球队输给了北卡大学篮球队的体育专栏报道。

机器学习是对软件工件的设计和学习，它使用过去的经验去指导未来的决策。机器学习是对从数据中学习的软件的研究。机器学习的基础目标是归纳，或者从一种未知规则的应用例子中归纳出未知规则。机器学习的典型例子是垃圾邮件过滤。通过观察已经被标记为垃圾邮件或非垃圾邮件的电子邮件，垃圾邮件过滤器可以分类新消息。研究人工智能的先锋科学家亚瑟·萨缪尔曾说过机器学习是"给予计算机学习的能力而无须显式地编程的研究"。在 20 世纪 50 年代到 20 世纪 60 年代之间，萨缪尔开发了多个下棋程序。虽然下棋的规则很简单，但是要战胜技艺高超的对手需要复杂的策略。萨缪尔从来没有显式地编程过这些策略，而是通过几千次比赛的经验，程序学习了复杂的行为以此打败了许多人类对手。

　　计算机科学家汤姆·米切尔对机器学习给出了一个更加正式的定义："如果一个程序的性能在'T'中体现，通过'P'来衡量，并通过经验'E'来提升，那么该程序可以被视为针对一些任务类型'T'和性能衡量'P'从经验'E'中进行学习"。例如，假设你有一个图片集合，每一张图片描绘了一只狗或一只猫。任务是将图片分为狗图片类和猫图片类，而程序可以通过观察已经被分类好的图片来学习执行这个任务，同时它可以通过计算分类图片的正确比例来提升性能。

　　我们将使用米切尔关于机器学习的定义来组织本章内容。首先，我们将讨论经验的类型，包括监督学习和无监督学习。接着，我们将讨论可以用机器学习系统解决的常见任务。最后，我们将讨论能够用于衡量机器学习系统性能的标准。

# 1.2　从经验中学习

　　机器学习系统经常被描述为在人类监督或无监督之下从经验中学习。在**监督学习**问题中，一个程序会通过标记的输入和输出进行学习，并从一个输入预测一个输出。也就是说，程序从"正确答案"的例子中学习。在无监督学习中，一个程序不会从标记数据中学习。相反，它尝试在数据中发现模式。例如，假设你已经收集了描述人身高体重的数据。一个无监督学习的例子是将数据划分到不同的组中。一个程序可能会产出对应到男性和女性，或者儿童和成人的组。现在假设数据也标记了性别。一个监督学习的例子是归纳出一个规则，基于一个人的身高和体重来预测一个人是男性还是女性。我们将在后面的章节中讨论监督学习和无监督学习的算法和例子。

　　监督学习和无监督学习可以被认为是一个范围的两端。一些类型的问题，被称为**半监督**学习问题，这些问题同时使用监督学习的数据和无监督学习的数据，位于监督学习和无监督学习之间。**强化学习**靠近监督学习一端。和无监督学习不同，强化学习程序不会从标记的输出对中进行学习。相反，它从决策中接收反馈，但是错误并不会显式地被更正。例如，一个学习去玩像超级玛丽兄弟这样的横向卷轴游戏的强化学习程序，当完成一个关卡或者达到一个特定分数时，可能会接收到一个奖励，而当失去一次生命时会受到惩罚。然而，这样的监督反馈并不会附带一个特定的决策去指挥角色跑动，躲开栗子怪，或者捡起一朵火焰花。我们将主要关注监督学习和无监督学习，因为这两个类别包含了最常见的机器学习问题。在下一节中，我们将更细致地审阅监督学习和无监督学习。

　　一个监督学习程序从标记输出的例子中进行学习，这些输出例子应该由对应的输入产出。一个机器学习程序的输出有很多名字，在机器学习中汇集了一些学科，许多学科都会使用自己的术语。在本书中，我们将把输出称为**响应变量**。响应变量的其他名字包括"依赖变量""回归变量""标准变量""测定变量""应答变量""被解释变量""输出变量""实验变量""标签"和"输出变量"。类似的，输入变量也有很多名字。在本书中，我们将输入变量称为特征，它们代表的现象称为**解释变量**。解释变量的其他名字包括"预测器""回归器""控制变量"和"暴露变量"。响应变量和解释变量可以是实数值或离散值。

组成监督学习经验的实例集合称为一个**训练集**。一个用于衡量程序性能的实例集合称为一个**测试集**。响应变量可以被看作是由解释变量引发问题的回答，监督学习问题会从一个针对不同问题回答的集合中进行学习。也就是说，监督学习程序会被提供正确的答案，而它需要学习去正确地回答没见过的类似问题。

## 1.3 机器学习任务

两种最常见的监督机器学习任务是**分类**和**回归**。在分类任务中，程序必须学习去从一个或多个特征去预测一个或多个响应变量的离散值。也就是说，程序必须为新观测值预测最可能的分类、类别或者标签。分类的应用包括预测一只股票的价格会上涨或下跌，或者决定一篇新闻文章属于政治主题板块还是休闲娱乐板块。在回归问题中，程序必须从一个或多个特征预测一个或多个连续响应变量值。回归问题的例子包括预测一个新产品的销售收入，或者基于一个职位的描述预测其薪水。和分类问题一样，回归问题也需要监督学习。

一个常见的无监督学习任务是在数据集内发现互相关联的观测值群组，称之为**聚类**。该项任务称为**聚类**或者聚类分析，会基于一些相似性衡量标准，把观测值放入和其他群组相比相互之间更加类似的群组中。聚类经常用于探索一个数据集。例如，对于一个电影评论集合，一个聚类算法可找出正向评价和负向评价。系统不会将聚合的类标记为**正向**或者**负向**。由于缺乏监督，系统只能通过一些衡量标准来判断聚合的观测值相互之间很类似。聚类的一个常见应用是在市场中为一个产品发现客户群体。通过了解特定客户群体的共同属性，销售人员可以决定应该注重销售活动的哪个方面。聚类也应用于网络广播服务中。对于一个歌曲集合，聚类算法可以根据歌曲的特征将歌曲划分为不同的分组。通过使用不同的相似性衡量标准，同样的聚类算法可以通过歌曲的音调，或者通过歌曲中包含的乐器来为歌曲划分不同的组。

**降维**是另一种常见的使用无监督学习完成的任务。一些问题可能包含数千或者上百万个特征，这会导致计算能力的极大消耗。另外，如果一些特征涉及噪声或者和潜在的关系无关，程序的泛化能力将会减弱。降维是发现对响应变量变化影响最大的特征的过程。降维还可以用于数据可视化。通过房屋面积预测房屋价格这样的回归问题的可视化很简单，房屋的面积可以作为图的 $x$ 轴，价格可以作为 $y$ 轴。当为房屋价格回归问题添加第二个特征以后，可视化依然很简单，房屋的浴室数量可以作为 $z$ 轴。然而，对一个包含上千个特征的问题，可视化几乎不可能完成。

## 1.4 训练数据、测试数据和验证数据

正如前面提到的，一个训练集是一个观测值集合。这些观测值组成了算法用来学习的经验。在监督学习问题中，每一个观测值包含一个观测响应变量和一个或多个观测解释变量特征。测试集是一个类似的观测值集合。测试集被用于使用一些衡量标准来评估模型性能。不把训练集中的观测值包含在测试集中是非常重要的。如果测试集中包含来自训练集中的例子，我们很难评估算法是真的从训练集中学习到了泛化能力，还是只是简单地记住了训练例子。一个能够很好地泛化的程序可以有效地执行一个包含新数据的任务。相反，一个通过学习过于复杂的模型记住了训练数据的程序可以准确地预测训练集中的响应变量，但是无法预测新例子中的响应变量值。对训练集产生记忆称为**过拟合**。一个对观测值产生记忆的程序会记住训练数据中保持一致的关系和结构，因此并不能很好地完成任务。平衡泛化能力和记忆能力对很多机器学习算法来说是一个常见问题。在后面的章节中我们将讨论**正则化**，它可以应用于很多模型来减少过拟合。

除了训练数据和测试数据，我们经常需要第三个观测值集合，称为**验证集**或者**保留集**。验证集常用来微调被称为**超参数**的变量，超参数用于控制算法如何从训练数据中学习。在现实世界中程序依然会在测试集上评估，以提供对其性能的估计。由于程序已经被微调过，可以以某种方式从训练数据中学习以提高在验证数据上的得分，因此验证集不应该用来估计现实世界的性能。在现实世界中程序并不会具备在验证数据上的优势。

通常一个监督观测值集合会被划分为训练集、验证集和测试集。划分的每个部分的数量并不会作要求，根据可用数据的数量划分的比例将会有所不同。通常来说，训练集占 50%~75%，测试集占 10%~25%，剩下的则是验证集。

一些训练集可能只包含几百个观测值，其他有的则可能包含数百万个。廉价的存储设备，增强的网络连通性，以及带有传感器智能手机的普及，造就了现代大数据"帝国"，或者说包含数以百万甚至数以十亿计的实例训练集。虽然本书不会处理需要在几十台乃至数

百台计算机上并行处理的数据集，许多机器学习算法预测能力的提升依赖于训练数据数量的增加。然而，机器学习算法同时遵循格言"无用数据入、无用数据出"。假如一个学生通过阅读一本错误百出、令人困惑的大部头教材来准备考试，他的考试成绩并不会比阅读篇幅短小但内容质量较高的教材的学生的成绩好。类似地，在现实世界中，一个算法如果在一个包含噪声、不相关或者错误标签数据的集上进行训练，其表现并不会比一个在包含更能代表问题的小数据集上训练的模型表现好。

许多监督训练数据集需要通过手动或者半自动处理来准备。在一些领域，创建一个大型监督数据集代价不菲。幸运的是，scikit-learn 类库包含了一些数据集，这让开发者可以专注于模型实验。在开发过程中，尤其是当训练数据很缺乏时，一种称为**交叉验证**的实战技巧可用于在同样的数据上训练和验证一个模型。在交叉验证过程中，训练数据被分割为几部分。模型在除了一个部分以外的数据上进行训练，并在剩余的部分上测试。划分被转换几次以便模型可以在全部数据上训练和评估。在现实世界中，每个划分上的模型性能估计得分均值会优于单一的训练/测试划分。图 1.1 描绘了 5-部分，或 5-重交叉验证：

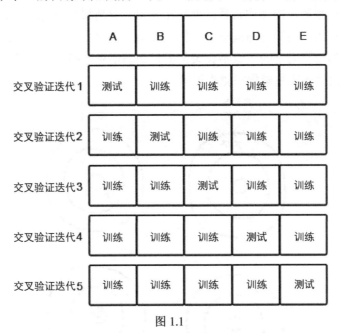

图 1.1

原始数据集被划分为 5 个数量相等的子集，标记 **A**～**E**。最开始模型在划分 **B**～**E** 上训练，在划分 **A** 上测试。在下一次迭代中，模型在划分 **A**、**C**、**D** 和 **E** 上进行训练，在划分 **B** 上测试。接着划分被转换直到模型已经在所有的划分上进行训练和测试。相比在单一模型划分上进行测试，交叉验证能为模型提供更准确的性能预估。

## 1.5   偏差和方差

　　许多标准被用来衡量一个模型是否能有效地通过学习去完成任务。对于监督学习问题，许多性能标准能衡量预测误差的量。预测误差有两个根本原因：模型的**偏差**和模型的**方差**。假设你有许多独一无二但是都代表了总体的训练集。一个具有高偏差的模型，无论是在哪个训练集上学习，对于一个输入都将产出类似的误差。模型偏差代表我们对真实关系的假设和在训练数据中证明的关系之间的差别。相反，一个具有高方差的模型，对一个输入产出的不同误差依赖于模型学习的训练集。一个具有高偏差的模型是不灵活的，但是一个具有高方差的模型可能会很灵活以至于模型可能会对训练集中的噪声进行建模。也就是说，一个具有高方差的模型过拟合训练数据，而一个具有高偏差的模型则欠拟合训练数据。将偏差和方差可视化为射向标靶的飞镖对理解其含义很有帮助。如图 1.2 所示，每一个飞镖相当于一个预测，它通过一个模型每次在不同的数据集上进行训练来射向标靶。一个具有高偏差低方差的模型射出的飞镖将紧密聚集在一起，但是却可能远离靶心。一个具有高偏差高方差的模型射出的飞镖将布满整个标靶，飞镖远离靶心且相互之间距离很大。一个具有低偏差高方差的模型射出的飞镖不会聚集但是却都很靠近靶心。最后，一个具有低偏差低方差的模型射出的飞镖将聚集在靶心周围。

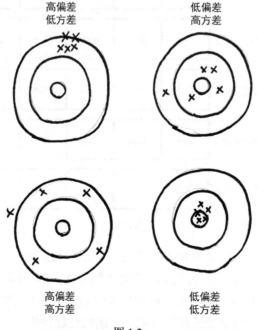

图 1.2

理想情况下，一个模型应该具有低方差和低偏差，但是减小其中一个经常会增大另一个，这个现象被称为**偏差方差权衡**。在本书中，我们将讨论模型的偏差和方差。

无监督学习问题没有一个误差指标能用于衡量，相反，无监督学习问题的性能指标可以衡量在数据中发现结构的一些属性，例如聚类内部和聚类之间的距离。

大部分性能衡量只能对一种特定类型任务（例如分类和回归）计算。在现实世界中，机器学习系统应该使用能够代表产生错误的代价的性能指标来评估。尽管这条规则看起来似乎很明显，但是下面的例子使用一个性能衡量指标来描述该规则，这条规则适用于一般的任务，而不是只适用于该任务。

考虑一个分类任务，一个机器学习系统观察肿瘤并对肿瘤是恶性还是良性做出预测。准确率或者预测正确的实例的比例，是一种衡量程序性能的直观标准。尽管准确率确实能够用来衡量程序性能，但是它无法区分出恶性被分类为良性，还是良性被分类为恶性。在一些应用中，与所有误差类型相关联的代价可能是相同的。然而在这个问题中，没有能分辨出一个恶性肿瘤是一种比错误地将良性肿瘤识别为恶性更严重的错误。

我们可以衡量每种可能的预测输出结果来创建不同的分类器性能视图。当系统正确地将一个肿瘤分类为恶性时，预测结果称为**真阳性**。当系统错误地将一个良性肿瘤分类为恶性时，预测结果称为**假阳性**。类似地，一个**假阴性**代表错误地预测肿瘤为良性，一个**真阴性**代表正确地预测肿瘤是良性。注意到阴性和阳性仅仅作为二元标签来使用，同时也不会去评判它们所代表的现象。在这个例子中，恶性肿瘤被编码为阴性或阳性都不重要，只要它在过程中保持一致。真和假、阳和阴可以用来计算一些常见的分类性能衡量标准，包括**准确率**、**精准率**和**召回率**。

准确率使用公式 1.1 来计算，在公式中 $TP$ 是真阳性的数量，$TN$ 是真阴性的数量，$FP$ 是假阳性的数量，$FN$ 是假阴性的数量：

$$ACC = \frac{TP + TN}{TP + TN + FP + FN} \qquad \text{（公式 1.1）}$$

精准率是被预测为恶性的肿瘤确实为恶性的比例。精准率可以使用公式 1.2 来计算：

$$P = \frac{TP}{TP + FP} \qquad \text{（公式 1.2）}$$

召回率是系统识别出恶性肿瘤的比例。召回率通过公式 1.3 来计算：

$$R = \frac{TP}{TP + FN} \qquad \text{（公式 1.3）}$$

在这个例子中，精准率用来衡量被预测为恶性的肿瘤实际上也是恶性的比例。召回率用来衡量真正的恶性肿瘤被发现的比例。

精准率和召回率的衡量方式可以说明，一个高准确率的分类器实际上并不能探测到大部分恶性肿瘤。如果测试集中的大部分肿瘤都是良性的，即使是从未探测出恶性肿瘤的分类器也会拥有高准确率。而另一个低准确率高召回率的分类器可能会更适合这个任务，因为它能探测出更多的恶性肿瘤。

许多用于分类器的性能衡量指标可以被使用。我们将在后面的章节中讨论更多的指标，包括对于多标签分类问题的指标。在下一章中，我们将讨论一些对于回归任务的常用性能衡量方式。本书内容也会涉及无监督任务的性能，我们将在本书后续的聚类分析中讨论无监督任务的性能衡量。

# 1.6　scikit-learn 简介

自 2007 年发布以来，scikit-learn 已经成为颇受欢迎的机器学习类库之一。scikit-learn 类库提供用于机器学习的算法，包括分类、回归、降维和聚类。它也提供用于数据预处理、提取特征、优化超参数和评估模型的模块。

scikit-learn 类库基于广受欢迎的 Python 类库 Numpy 和 Scipy 构建。Numpy 扩展了 Python 以支持大数组和多维矩阵更高效的操作。Scipy 提供了用于科学计算的模块。可视化类库 matplotlib 也经常联合 scikit-learn 类库一起使用。

scikit-learn 类库在学术研究领域广受欢迎，因为它的 API 有很好的文档，易于使用且非常灵活。只需修改几行代码，开发者就可以使用 scikit-learn 类库对不同的算法进行实验。scikit-learn 类库包含了一些流行的机器学习算法的实现，包括 LIBSVM 和 LIBLINEAR。其他的 Python 类库（包括 NLTK），都包含了对 scikit-learn 的封装。scikit-learn 类库同时也包括许多数据集，这让开发者可以专注于算法而无须收集和清洗数据。

scikit-learn 类库拥有 BSD 许可证，因此开发者可以将其无限制地用于商业应用中。许多 scikit-learn 类库的算法对于非巨型数据集非常快且具有可扩展性。最后，scikit-learn 类库以其可依赖性而闻名，其中大多数的类库都通过了自动化测试。

# 1.7　安装 scikit-learn

本书基于 scikit-learn 类库的 0.18.1 版本编写，使用这个版本可以保证本书中的例子正

确地运行。如果你之前已经安装过 scikit-learn，可以通过在一个记事本或者 Python 解释器
中执行代码 1.1 来获取版本号：

**代码 1.1**

```
# In[1]:
import sklearn
sklearn.__version__

# Out[1]:
'0.18.1'
```

 安装包命名为 sklearn 原因是 scikit-learn 并不是一个
有效的 Python 包名。

如果之前没有安装过 scikit-learn，你可以从一个包管理器安装，或者从源码构建。我
们将在后面的内容中回顾针对 Ubuntu 16.04 系统、Mac OS 系统和 Windows 10 系统的安
装过程，最新的安装指令可以参考 http://scikit-learn.org/stable/insatall.html。以下的指令只
假定你已经安装了 Python 版本 2.6 或者 3.3。关于安装 Python 的指导请参考
http://www.python.org/download/。

## 1.7.1　使用 pip 安装

scikit-learn 最简单的安装方式是使用 pip，即 PyPA 推荐的用于安装 Python 包的工具。
使用下面指令来使用 pip 安装 scikit-learn：

**$ pip install -U scikit-learn**

如果 pip 在你的系统中不可用，后面的几节内容会涉及不同平台的安装指导。

## 1.7.2　在 Windows 系统下安装

scikit-learn 类库需要 setuptools，一个支持对 Python 打包和安装软件的第三方包。
setuptools 可以通过执行启动脚本 https://bootstrap.pypa.io/ez_setup.py 在 Windows 系统下
安装。

Windows 系统下也有可用的 32-bit 和 64-bit 版本的二进制文档。如果你不能决定自己
应该使用哪个版本，那就安装 32-bit 版本。两个版本都依赖 Numpy 1.3 或更新的版本。32-bit
版本的 Numpy 可以从 http://sourceforge.net/projects/numpy/files/Numpy/下载。64-bit 版本可
以从 http://www.lfd.uci.edu/~gohlke/pythonlibs/#scikit-learn 下载。

32-bit 版本 scikit-learn 的 Windows 安装器可以从 http://sourceforge.net/project/scikit-learn/files/scikit-learn0.17.win32-py2.7.exe/download 下载。64-bit 版本 scikit-learn 的 Windows 安装器可以从 http://www.lfd.uci.edu/~gohlke/pythonlibs/#scikit-learn 下载。

## 1.7.3 在 Ubuntu 16.04 系统下安装

在 Ubuntu 16.04 系统中可以使用 apt 安装 scikit-learn：

```
$ sudo apt install python-scikits-learn
```

## 1.7.4 在 Mac OS 系统下安装

在 OS X 系统中可以使用 Macports 安装 scikit-learn：

```
$ sudo port install py27-sklearn
```

## 1.7.5 安装 Anaconda

Anaconda 是一个免费的包含超过 720 个 Python 开源数据科学包的集合，其中包含 scikit-learn、Numpy、Scipy、pandas 和 matplotlib。Anaconda 覆盖全平台且易于安装。请参考 https://docs.continuum.io/anaconda/install/ 来查看你的操作系统下的安装指令。

## 1.7.6 验证安装

为了验证你的 scikit-learn 类库已经正确地安装，打开一个 Python 控制台，执行代码 1.2：

**代码 1.2**

```
# In[1]:
import sklearn
sklearn.__version__


# Out[1]:
'0.18.1'
```

为了运行 scikit-learn 类库单元测试，首先需要安装 nose Python 包。然后在一个终端模拟器中执行下面的命令：

```
$ nosetest sklearn -exe
```

恭喜你！你已经成功安装了 scikit-learn。

## 1.8 安装 pandas、Pillow、NLTK 和 matplotlib

pandas 是一个提供数据结构和分析工具的开源 Python 类库。pandas 是一个强大的类库，关于如何使用 pandas 进行数据分析的书籍并不少。我们将使用 pandas 中一些方便的工具来导入数据和计算概括统计量。Pillow 是 Python 类库 Imaging 的一个分支，它提供了许多图像处理特性。NLTK 是一个处理人类语言的类库。和 scikit-learn 一样，使用 pip 是推荐用来安装 pandas、Pillow、和 NLTK 类库的方法。在一个终端模拟器中执行以下命令：

```
$ pip install pandas pillow nltk
```

matplotlib 是一个能轻松创建绘图、柱状图和其他图表的 Python 类库。我们将使用它来可视化训练数据和模型。matplotlib 有一些依赖项。和 pandas 一样，matplotlib 依赖于 Numpy（我们已经安装过）。在 Ubuntu 16.04 系统下，matplotlib 和其依赖项可以使用以下命令安装：

```
$ sudo apt install python-matplotlib
```

用于 Mac OS 系统和 Windows 10 系统下的二进制软件包可以从 https://matplotlib.org/downloads.html 下载。

## 1.9 小结

在本章中，我们将机器学习定义为设计能在一个任务中从经验中学习并提高性能的软件的过程。我们讨论了进行监督的范围。其中一端是监督学习，监督学习程序从标记的输入和对应的输出中学习。而无监督学习则位于另一端，无监督学习软件必须从非标记输入中发现结构。半监督学习会同时使用标记和非标记训练数据。

接着，我们讨论机器学习任务的常见类型，并审阅了每种类型的几个例子。在分类任务中，程序从观测到的解释变量预测离散的响应变量值。在回归任务中，程序必须从解释变量预测连续响应变量值。无监督学习包括聚类（观测值会根据一些相似性衡量标准被组织到不同群组中）和降维（将一个解释变量集合减少到一个合成特征的小型集合，同时尽可能保持信息）。我们还审阅了偏差方差权衡，并讨论了对于不同机器学习任务的常见性能衡量方法。

在本章内容中，我们讨论了 scikit-learn 类库的历史、目标和优势。最后，我们通过安装 scikit-learn 类库以及其他经常一起联合使用的类库来准备开发环境。在下一章中，我们将讨论一个用于回归任务的简单模型，并使用 scikit-learn 类库构建自己的第一个机器学习模型。

# 第 2 章
# 简单线性回归

在本章中，我们将介绍第一个模型——简单线性回归。简单线性回归围绕一个响应变量和解释变量的某个特征之间的关系进行建模。我们将讨论如何对模型进行拟合，同时也会解决一个玩具问题①。虽然简单线性回归对于现实世界的问题几乎不具有可用性，但是理解简单线性回归是理解许多其他模型的关键。在后面的章节中，我们将学到简单线性回归的一般化模型，并将它们运用于现实世界的数据集。

## 2.1 简单线性回归

在前面的章节中，我们学到了在监督学习问题中用训练数据估计一个模型的参数。用解释变量的观察值及其对应的响应变量组成训练数据，训练好的模型可用于预测未被观测到的解释变量值对应的响应变量值。回顾一下，回归问题的目标是去预测一个连续响应变量的值。在本章中，我们将检验简单线性回归，它常用于对一个响应变量和解释变量的特征之间的关系进行建模。

假设你希望了解披萨的价格。你可能会简单地查看菜单。然而，本书是一本关于机器学习的图书，因此我们将基于能观测到的披萨的属性或者说解释变量，来预测披萨的价格。让我们来对披萨的尺寸和价格之间的关系进行建模。首先，我们将使用 scikit-learn 编写一段程序，通过提供的披萨尺寸来预测其价格。接着我们将讨论简单线性回归如何运行以及如何将其泛化来解决其他类型的问题。

假设你已经记录下了已经吃过的披萨的直径和价格。表 2.1 中的观测值组成了我们的训练数据。

---

① 译者注：玩具问题指一个真实问题的过度简化版本，通常用于对真实问题的调研和测试。

表 2.1

| 训练实例 | 直径（单位：英寸） | 价格（单位：美元） |
|---|---|---|
| 1 | 6 | 7 |
| 2 | 8 | 9 |
| 3 | 10 | 13 |
| 4 | 14 | 17.5 |
| 5 | 18 | 18 |

我们可以使用 matplotlib 作图来将训练数据可视化，如代码 2.1 所示：

代码 2.1

```
# In[1]:
import numpy as np
import matplotlib.pyplot as plt
# "np" 和 "plt" 分别是 Numpy 库和 Matplotlib 库的常用别名

# 在 scikit-learn 中的一个惯用法是将特征向量的矩形命名为 X
# 大写字母表示矩阵，小写字母表示向量

X = np.array([[6], [8], [10], [14], [18]]).reshape(-1, 1)
# X 表示我们的训练数据的特征，即披萨的直径
y = [7, 9, 13, 17.5, 18]
# y 是一个表示披萨价格的向量

plt.figure()
plt.title('Pizza price plotted against diameter')
plt.xlabel('Diameter in inches')
plt.ylabel('Price in dollars')
plt.plot(X, y, 'k.')
plt.axis([0, 25, 0, 25])
plt.grid(True)
plt.show()
```

脚本中的注释标明 $X$ 是表示披萨直径的矩阵，$y$ 是表示披萨价格的向量。这样做的原因将会在下一章中阐明。这段脚本会生成图 2.1。披萨的直径在 $x$ 轴上绘制，披萨的价格在 $y$ 轴上绘制：

从训练数据的图 2.1 中我们可以看出披萨的直径和价格之间存在正相关关系，这应该可以由自己吃披萨的经验所证实。随着披萨直径的增加，它的价格通常也会上涨。下面的代码 2.2 使用了简单线性回归来对这个关系进行建模。让我们来查看这段代码，并且讨论简单线性回顾是如何运行的。

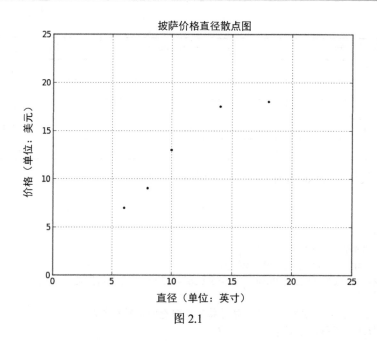

图 2.1

**代码 2.2**

```
# In[2]:
from sklearn.linear_model import LinearRegression
model = LinearRegression()  # 创建一个估计器实例
model.fit(X, y)  # 用训练数据拟合模型

test_pizza = np.array([[12]])
predicted_price = model.predict(test_pizza)[0]
# 预测一个直径之前从未见过的披萨的价格
print('A 12" pizza should cost: $%.2f' % predicted_price)
# Out[2]:
A 12" pizza should cost: $13.68
```

简单线性模型假设响应变量和解释变量之前存在线性关系，它使用一个被称为超平面的线性面来对这种关系进行建模。一个超平面是一个子空间，它比组成它的环绕空间小一个维度。在简单线性回归中共有两个维度，一个维度表示响应变量，另一个维度表示解释变量。因此，回归超平面只有一个维度，一个一维的超平面是一条直线。

LinearRegression 类是一个**估计器**。估计器基于观测到的数据预测一个值。在 scikit-learn 中，所有的估计器都实现了 fit 方法和 predict 方法。前者用于学习模型的参数，后者使用学习到的参数来预测一个解释变量对应的响应变量值。使用 scikit-learn 可以非常简单地对不同模型进行实验，因为所有的估计器都实现了 fit 和 predict 方法，尝试新的模型只需要简单地修改一行代码。LinearRegression 的 fit 方法学习了公式 2.1 简单线性回归模型的参数：

$$y = \alpha + \beta x \qquad\qquad (公式\ 2.1)$$

在上面的公式中，$y$ 是响应变量的预测值，在这个例子里，它表示披萨的预测价格。$x$ 表示解释变量。截断项 $\alpha$ 和系数 $\beta$ 都是可以通过学习算法学到的模型参数。在图 2.2 中，绘制的超平面对一个披萨的价格和尺寸之间的关系进行建模。使用这个模型，我们可以预测一个直径为 8 英寸的披萨的价格应该为 7.33 美元，一个直径为 20 英寸的披萨价格应该为 18.75 美元。

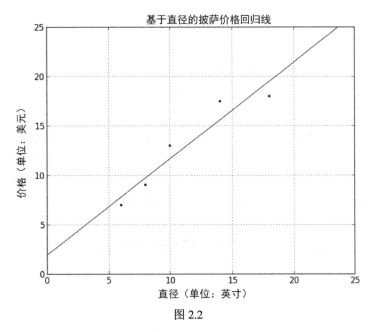

图 2.2

利用训练数据学习产生最佳拟合模型的简单线性回归的参数值称为普通最小二乘（Ordinary Lease Squares，OLS）或线性最小二乘。在本章中，我们将讨论一种分析解出模型参数值的方法。在后面的章节中，我们将学习适用于在大数据集合中逐渐逼近参数值的方法，但是首先必须要定义模型拟合训练数据。

## 2.1.1　用代价函数评价模型的拟合性

在图 2.3 中我们根据一些参数集合的值绘制出几条回归线。然而我们如何去评估哪组参数值产生了最佳拟合回归线呢？

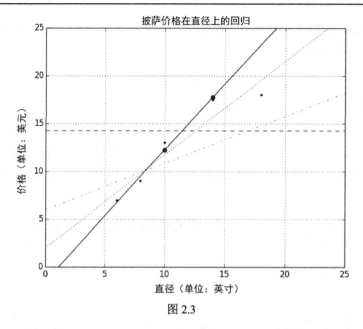

图 2.3

代价函数，也被称为损失函数，它用于定义和衡量一个模型的误差。由模型预测出的价格和在训练数据集中观测到的披萨价格之间的差值被称为残差或者训练误差。稍后，我们将使用一个单独的测试数据集来评价模型。在测试数据中预测值和观测值之间的差值叫作预测误差或者测试误差。在图 2.4 中，模型的残差由训练实例点和回归超平面之间垂直线表示。

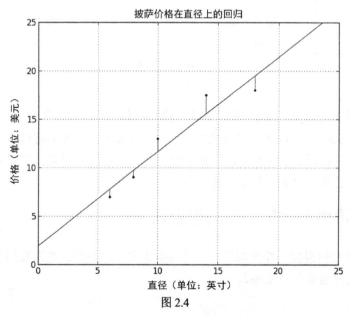

图 2.4

我们可以通过最小化残差的和来生成最佳披萨价格预测器。也就是说,对于所有训练数据而言,如果模型预测的响应变量都接近观测值,那么模型就是拟合的,这种衡量模型拟合的方法叫作残差平方和(RSS)代价函数。在形式上,该函数通过对所有训练数据的残差平方求和来衡量模型的拟合性。RSS 由下面方程的公式 2.2 计算出,其中 $y_i$ 是观测值,$f(x_i)$ 是预测值:

$$SS_{res} = \sum_{i=1}^{n}(y_i - f(x_i))^2 \qquad (公式 2.2)$$

我们可以在代码 2.2 后面加上以下两行代码来计算模型的 RSS,如代码 2.3 所示:

**代码 2.3**

```
print('Residual sum of squares: %.2f' % np.mean((model.predict(X)- y) ** 2))
Residual sum of squares: 1.75
```

现在我们有了一个代价函数,可以通过求这个函数的极小值来找出模型的参数值。

## 2.1.2 求解简单线性回归的 OLS

在这一部分中,我们将求解出简单线性回归的 OLS。回想一下,简单线性回归由方程 $y = \alpha + \beta x$ 给出,而我们的目标是通过求代价函数的极小值来求解出 $\beta$ 和 $\alpha$ 的值。首先我们将解出 $\beta$ 值,为了达到目的,我们将计算 $x$ 的方差以及 $x$ 和 $y$ 的协方差。方差用来衡量一组值偏离程度,如果集合中的所有数值都相等,那么这组值的方差为 0。方差小意味着这组值都很接近总体均值,而如果集合中包含偏离均值很远的数据则集合会有很大的方差。方差可以使用下面的公式 2.3 算出:

$$\text{var}(x) = \frac{\sum_{i=1}^{n}(x_i - \bar{x})^2}{n-1} \qquad (公式 2.3)$$

$\bar{x}$ 表示 $x$ 的均值,$x_i$ 是训练数据中的第 $i$ 个 $x$ 的值,$n$ 表示训练数据的总量。我们来计算一下训练数据中披萨直径的方差,如代码 2.4 所示:

**代码 2.4**

```
# In[2]:
import numpy as np

X = np.array([[6], [8], [10], [14], [18]]).reshape(-1, 1)
x_bar = X.mean()
print(x_bar)
```

```
# 注意我们在计算样本方差的时候将样本的数量减去 1
# 这项技巧称为贝塞尔校正，它纠正了对样本中总体方差估计的偏差

variance = ((X - x_bar)**2).sum() / (X.shape[0] - 1)
print(variance)

# Out[2]:
11.2
23.2
```

Numpy 库也提供了一个叫作 var 的方法来计算方差。计算样本方差时关键字参数 ddof 可以设置贝塞尔校正，如代码 2.5 所示：

**代码 2.5**

```
# In[3]:
print(np.var(X, ddof=1))

# Out[3]:
23.2
```

协方差用来衡量两个变量如何一同变化。如果变量一起增加，它们的协方差为正。如果一个变量增加时另一个变量减少，它们的协方差为负。如果两个变量之间没有线性关系，它们的协方差为 0，它们是线性无关的但不一定是相对独立的。协方差可以使用下面的公式 2.4 计算：

$$\mathrm{cov}(x, y) = \frac{\sum_{i-1}^{n}(x_i - \overline{x})(y_i - \overline{y})}{n - 1} \qquad （公式 2.4）$$

和方差一样，$x_i$ 表示训练数据中第 $i$ 个 $x$ 的值，$\overline{x}$ 表示直径的均值，$\overline{y}$ 表示价格的均值，$y_i$ 表示训练数据中第 $i$ 个 $y$ 的值，$n$ 表示训练数据的总量。我们来计算一下训练数据中披萨半径和价格的协方差，如代码 2.6 所示：

**代码 2.6**

```
# In[4]:
# 之前我们使用一个列表表示 y
# 在这里我们改为使用一个 Numpy 多位数组，它包含了几个计算样本均值的方法
y = np.array([7, 9, 13, 17.5, 18])

y_bar = y.mean()
# 我们将 X 转置，因为所有的操作都必须是行向量
covariance = np.multiply((X - x_bar).transpose(), y - y_bar).sum()/
(X.shape[0] - 1)
print(covariance)
```

```
print(np.cov(X.transpose(), y)[0][1])

# Out[4]:
22.65
22.65
```

现在我们已经计算出了解释变量的方差以及解释变量和响应变量之间的协方差，可以使用公式 2.5 解出 $\beta$ 值：

$$\beta = \frac{\text{cov}(x, y)}{\text{var}(x)}$$

（公式 2.5）

$$\beta = \frac{22.65}{23.2} \approx 0.98$$

解出 $\beta$ 值以后，我们可以使用公式 2.6 解出 $\alpha$ 值：

$$\alpha = \overline{y} - \beta\overline{x}$$

（公式 2.6）

在此处 $\overline{y}$ 是 $y$ 的均值，$\overline{x}$ 是 $x$ 的均值。$(\overline{x}, \overline{y})$ 是质心的坐标，是一个模型必须经过的点。

$$\alpha = 12.9 - 0.98 \times 11.2 \approx 1.92$$

现在我们已经通过求代价函数的极小值解出了模型的参数值，可以带入披萨的直径预测它们的价格。例如，一个 11 英寸的披萨预计花费 12.70 美元，一个 18 英寸的披萨预计花费 19.54 美元。恭喜！你已经使用简单线性回归预测了披萨的价格。

## 2.2 评价模型

我们已经使用了一种学习算法从训练数据中估计出了模型的参数。我们如何评估模型是否很好地表达了现实中解释变量和响应变量之间的关系呢？假设你找到了另一页披萨菜单，我们将使用这页菜单中的条目作为测试数据集来衡量模型的表现。表 2.2 是一个包含 4 列数据的表格，其中包含了由我们的模型预测出的披萨价格。

表 2.2

| 测试实例 | 披萨直径（单位：英寸） | 真实价格（单位：美元） | 预测价格（单位：美元） |
|---|---|---|---|
| 1 | 8 | 11 | 9.7759 |
| 2 | 9 | 8.5 | 10.7522 |
| 3 | 11 | 15 | 12.7048 |
| 4 | 16 | 18 | 17.5863 |
| 5 | 12 | 11 | 13.6811 |

我们可以使用一些衡量方法来评估模型的预测能力。在此我们使用一种叫作 **R 方**的方法来评估披萨价格预测器。R 方，也被称为**决定系数**，它用来衡量数据和回归线的贴近程度。计算 R 方的方法有多种，在简单线性回归模型中，R 方等于**皮尔森积差相关系数**（**PPMCC**）的平方，也被称为**皮尔森相关系数 r** 的平方。使用该计算方法，R 方必须是 0 和 1 之间的正数，其原因很直观：如果 R 方描述的是由模型解释的响应变量中的方差的比例，这个比例不能大于 1 或者小于 0。其他一些计算方法，包括 scikit-learn 库使用的方法，不使用皮尔森相关系数 r 的平方公式计算 R 方。如果模型的表现非常差，由这些计算方法求出的 R 方可能为负值。了解性能指标的局限性非常重要，R 方对于异常值尤其敏感，当新的特征增加到模型中时，它常常会出现异样的增长。

我们通过 scikit-learn 使用的方法来计算披萨价格预测器的 R 方。首先我们需要算出**平方总和**。$y_i$ 是第 $i$ 个测试实例的响应变量观测值，$\overline{y}$ 是响应变量的观测值均值，如公式 2.7 所示。

$$SS_{tot} = \sum_{i=1}^{n}(y_i - \overline{y})^2 \qquad （公式 2.7）$$

$$SS_{tot} = (11 - 12.7)^2 + (8.5 - 12.7)^2 + \cdots + (11 - 12.7)^2 = 56.8$$

其次我们需要算出 RSS。回顾一下此公式和前面提到的代价函数的计算公式相同，如公式 2.8 所示：

$$SS_{res} = \sum_{i=1}^{n}(y_i - f(x_i))^2 \qquad （公式 2.8）$$

$$SS_{res} = (11 - 9.78)^2 + (8.5 - 10.75)^2 + \cdots + (11 - 13.68)^2 \approx 19.20$$

最后，我们使用公式 2.9 计算出 R 方：

$$R^2 = 1 - \frac{SS_{res}}{SS_{tot}} \qquad （公式 2.9）$$

$$R^2 = 1 - \frac{19.20}{56.8} \approx 0.66$$

$R^2$ 计算得分为 0.662，这表明测试实例价格变量的方差很大比例上是可以被模型解释的。现在用 scikit-learn 类库来印证我们的计算结果。如代码 2.7 所示，`LinearRegression` 类的 `score` 方法返回了模型的 R 方值。

**代码 2.7**

```
# In[1]:
import numpy as np
```

```
from sklearn.linear_model import LinearRegression

X_train = np.array([6, 8, 10, 14, 18]).reshape(-1, 1)
y_train = [7, 9, 13, 17.5, 18]

X_test = np.array([8, 9, 11, 16, 12]).reshape(-1, 1)
y_test = [11, 8.5, 15, 18, 11]

model = LinearRegression()
model.fit(X_train, y_train)
r_squared = model.score(X_test, y_test)
print(r_squared )

# Out[1]:
0.6620
```

## 2.3 小结

在本章中，我们介绍了简单线性回归模型，它对单个解释变量和连续响应变量之间的关系进行建模。我们通过一个玩具问题由披萨的直径来预测其价格。我们使用残差平方和代价函数来评估模型的拟合性，并通过求代价函数的极小值分析解出模型参数，并在一个测试数据集上衡量模型的性能。最后我们介绍了 scikit-learn 类库的估计器 API。在下一章中，我们将比较简单线性回归和另一种简单普适的模型——**K-近邻算法（KNN）**。

# 第 3 章
# 用 K-近邻算法分类和回归

在本章中，我们将介绍 **K-近邻算法（KNN）**，一种可以用于分类和回归任务的算法。KNN 简单的外表下隐藏着强大的功能和高可用性，它广泛运用于现实世界的各个领域，包括搜索系统和推荐系统。我们将对比 KNN 和简单线性回归模型，同时通过几个玩具问题来理解 KNN 模型。

## 3.1 K-近邻模型

KNN 模型是一种用于回归任务和分类任务的简单模型。它是如此简单以至于可以顾名思义地猜测出其算法原理。算法中的"邻居"代表的是**度量空间**中的训练实例。度量空间是定义了集合中所有成员之间距离的特征空间。在前一章的披萨问题中，由于我们定义了所有披萨直径之间的距离，因此所有的训练实例都可以在一个度量空间中表示。邻居用于估计一个测试实例对应的响应变量值。超参 $k$ 用来指定估计过程应该包含多少个邻居。超参是用来控制算法如何学习的参数，它不通过训练数据来估计，一般需要人为指定。最后，算法通过某种距离函数，从度量空间中选出 $k$ 个距离测试实例最近的邻居。

对于分类任务，训练集由一组特征向量的元组和标签类组成。KNN 算法可用于二元分类、多元分类以及多标签分类任务，在后面的内容中我们将分别介绍这些任务，本章内容只关注二元分类任务。最简单的 KNN 分类器使用 KNN 标签模式对测试实例进行分类，但是我们也可以使用其他策略。超参 $k$ 经常设置为一个奇数来防止出现平局现象。在回归任务中，每一个特征向量都会和一个响应变量相关联，此处的响应变量是一个实值标量而不是一个标签，预测结果为 KNN 响应变量的均值或者权重均值。

## 3.2　惰性学习和非参数模型

　　KNN 是一种**惰性学习模型**。惰性学习模型，也被称为**基于实例的学习模型**，会对训练数据集进行少量的处理或者完全不处理。和简单线性回归这样的**勤奋学习模型**不同，KNN 在训练阶段不会估计由模型生成的参数。惰性学习有利有弊。训练勤奋学习模型通常很耗费计算资源，但是在模型预测阶段代价并不昂贵。例如在简单线性回归中，预测阶段只需要将特征乘以系数，再加上截断参数即可。惰性学习模型几乎可以进行即刻预测，但是需要付出高昂的代价。在 KNN 模型最简单的实现中，进行预测要求计算出一个测试实例和所有训练实例之间的距离。

　　和我们将要讨论的其他模型不同，KNN 是一种**非参数模型**。**参数模型**使用固定数量的参数或者系数去定义能够对数据进行总结的模型，参数的数量独立于训练实例的数量。非参数模型从字面上看似乎是个误称，因为它并不意味着模型不需要参数。相反，非参数模型意味着模型的参数个数并不固定，它可能随着训练实例数量的增加而增加。

　　当训练数据数量庞大，同时你对响应变量和解释变量之间的关系所知甚少时，非参数模型会非常有用。KNN 模型只基于一个假设：互相接近的实例拥有类似的响应变量值。非参数模型提供的灵活性并不总是可取的，当训练数据很缺乏或者你对响应变量和解释变量之间的关系有所了解时，对响应变量和解释变量之间关系做假设的模型就很有用。

## 3.3　KNN 模型分类

　　回顾一下，在第 1 章中定义了分类任务的目标是使用一个或多个特征去预测一个离散响应变量的值。下面我们来看一个玩具分类问题。假设你需要使用一个人的身高和体重去预测性别。由于响应变量只能从两个标签中二选一，因此这个问题称为**二元分类**。表 3.1 中记录了 9 个实例。

表 3.1

| 身　　高 | 体　　重 | 标　　签 |
| --- | --- | --- |
| 158cm | 64kg | 男性 |
| 170cm | 66kg | 男性 |
| 183cm | 84kg | 男性 |
| 191cm | 80kg | 男性 |

续表

| 身　　高 | 体　　重 | 标　　签 |
|---|---|---|
| 155cm | 49kg | 女性 |
| 163cm | 59kg | 女性 |
| 180cm | 67kg | 女性 |
| 158cm | 54kg | 女性 |
| 178cm | 77kg | 女性 |

　　和上一章中的简单线性回归问题不同，此处我们使用两个解释变量特征预测响应变量值。KNN 并不仅限于两个特征的情形，KNN 算法可以使用任意数量的特征，但是特征数量多于 3 时将无法进行可视化。我们使用 matplotlib 类库绘制散点图将训练数据可视化，得到图 3.1，如代码 3.1 所示。

**代码 3.1**

```python
# In[1]:
import numpy as np
import matplotlib.pyplot as plt

X_train = np.array([
 [158, 64],
 [170, 66],
 [183, 84],
 [191, 80],
 [155, 49],
 [163, 59],
 [180, 67],
 [158, 54],
 [170, 67]
])
y_train = ['male', 'male', 'male', 'male', 'female', 'female', 'female',
 'female', 'female']

plt.figure()
plt.title('Human Heights and Weights by Sex')
plt.xlabel('Height in cm')
plt.ylabel('Weight in kg')

for i, x in enumerate(X_train):
# 使用 'x' 标记表示训练实例中的男性，使用菱形标记表示训练实例中的女性
plt.scatter(x[0], x[1], c='k', marker='x' if y_train[i] == 'male' else 'D')
```

```
plt.grid(True)
plt.show()
```

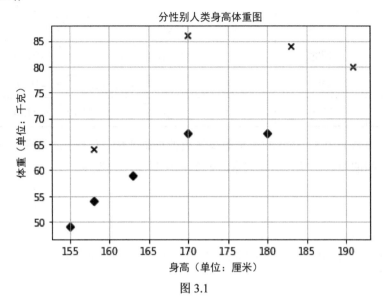

图 3.1

从图 3.1 中我们可以看出，用×标记表示男性，用◆标记表示女性，可见男性的整体趋势比女性更高更重，这与我们的日常经验一致。现在有一个已知身高体重的人，让我们使用 KNN 来预测其性别。假设预测对象的身高 155 厘米，体重 70 千克。首先我们需要定义距离衡量方法，在此我们使用欧几里得距离，即在一个欧几里得空间中两点之间的直线距离。二维空间中的欧几里得距离计算如公式 3.1 所示：

$$d(p,q) = d(q,p) = \sqrt{(q_1 - p_1)^2 + (q_2 - p_2)^2} \qquad （公式 3.1）$$

接下来，如表 3.2 所示，我们需要计算测试实例和所有训练实例之间的距离。

表 3.2

| 身　高 | 体　重 | 标　签 | 和测试实例的距离 |
|---|---|---|---|
| 158cm | 64kg | 男性 | $\sqrt{(158-155)^2 + (64-70)^2} = 6.71$ |
| 170cm | 66kg | 男性 | $\sqrt{(170-155)^2 + (66-70)^2} = 21.93$ |
| 183cm | 84kg | 男性 | $\sqrt{(183-155)^2 + (84-70)^2} = 31.30$ |
| 191cm | 80kg | 男性 | $\sqrt{(191-155)^2 + (80-70)^2} = 37.36$ |
| 155cm | 49kg | 女性 | $\sqrt{(155-155)^2 + (49-70)^2} = 21.00$ |

续表

| 身　高 | 体　重 | 标　签 | 和测试实例的距离 |
|---|---|---|---|
| 163cm | 59kg | 女性 | $\sqrt{(163-155)^2+(59-70)^2}=13.60$ |
| 180cm | 67kg | 女性 | $\sqrt{(180-155)^2+(67-70)^2}=25.18$ |
| 158cm | 54kg | 女性 | $\sqrt{(158-155)^2+(54-70)^2}=16.28$ |
| 178cm | 77kg | 女性 | $\sqrt{(178-155)^2+(77-70)^2}=24.04$ |

我们设置参数 $k$ 为 3，并选取 3 个距离最近的训练实例。代码 3.2 计算出测试实例和所有训练实例之间的距离，并找出距离最近的邻居中最普遍的性别。

代码 3.2

```
# In[2]:
x = np.array([[155, 70]])
distances = np.sqrt(np.sum((X_train - x)**2, axis=1))
distances

# Out[2]:
array([ 6.70820393, 21.9317122 , 31.30495168, 37.36308338, 21. ,
13.60147051, 25.17935662, 16.2788206 , 15.29705854])

# In[3]:
nearest_neighbor_indices = distances.argsort()[:3]
nearest_neighbor_genders = np.take(y_train, nearest_neighbor_indices)
nearest_neighbor_genders

# Out[3]:
array(['male', 'female', 'female'], dtype='|S6')

# In[4]:
from collections import Counter
b = Counter(np.take(y_train, distances.argsort()[:3]))
b.most_common(1)[0][0]

# Out[4]:
'female'
```

图 3.2 中用圆形标明测试实例，用放大的标记来标明最近的 3 个邻居：

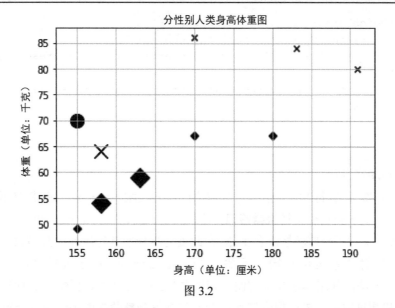

图 3.2

根据图 3.2 可以见得，两个邻居为女性，1 个邻居为男性，因此预测测试实例为女性。现在使用 scikit-learn 类库实现一个 KNN 分类器，如代码 3.3 所示。

**代码 3.3**

```
# In[5]:
from sklearn.preprocessing import LabelBinarizer
from sklearn.neighbors import KNeighborsClassifier

lb = LabelBinarizer()
y_train_binarized = lb.fit_transform(y_train)
y_train_binarized

# Out[5]:
array([[1],
       [1],
       [1],
       [1],
       [0],
       [0],
       [0],
       [0],
       [0]])

# In[6]:
K= 3
```

```
clf = KNeighborsClassifier(n_neighbors=K)
clf.fit(X_train, y_train_binarized.reshape(-1))
prediction_binarized = clf.predict(np.array([155, 70]).reshape(1,
    -1))[0]
predicted_label = lb.inverse_transform(prediction_binarized)
predicted_label
```

```
# Out[6]:
array(['female'],
      dtype='|S6')
```

我们的标签是字符串，因此首先使用 LabelBinarizer 将其转换为整数。LabelBinarizer 类实现了**转换器接口**，其中包含 fit、transform 和 fittransform 方法。fit 方法进行了一些转换准备工作，在此处是将标签字符串映射到整数，transform 方法则是将映射关系运用于输入标签。fit_transform 方法同时调用了 fit 和 transform 方法，使用起来非常方便。转换器只应该在训练数据集上进行拟合，分别对训练数据集和测试数据集进行拟合转换，会导致标签到整数映射不一致的情况。在上面的例子中，男性标签在训练数据集中映射为 1，在测试数据集中映射为 0。一些转换器会将测试数据集的信息泄露到模型中，因此应该避免对全部数据集做拟合。此优势不存在于生产环境中，因此对测试数据集的性能进行衡量可能会比较乐观。我们将在讲到从文本中提取特征的部分时更多地讨论该问题。

接着，我们将 KNeighborsClassifier 类实例化。尽管 KNN 是一种惰性学习模型，它依然实现了估计器接口。正如在简单线性回归模型中所做的一样，我们调用了 fit 和 predict 方法。最后，我们使用已经完成拟合的 LabelBinarizer 进行逆向转换返回字符串标签。如表 3.3 所示，现在使用我们的分类器对一个测试数据集进行预测，同时对分类器的性能进行评估，如代码 3.4 所示。

**表 3.3**

| 身　　高 | 体　　重 | 标　　签 |
|---------|---------|---------|
| 168cm | 65kg | 男性 |
| 170cm | 61kg | 男性 |
| 160cm | 52kg | 女性 |
| 169cm | 67kg | 女性 |

**代码 3.4**

```
# In[7]:
X_test = np.array([
```

```
    [168, 65],
    [180, 96],
    [160, 52],
    [169, 67]
])
y_test = ['male', 'male', 'female', 'female']
y_test_binarized = lb.transform(y_test)
print('Binarized labels: %s' % y_test_binarized.T[0])
predictions_binarized = clf.predict(X_test)
print('Binarized predictions: %s' % predictions_binarized)
print('Predicted labels: %s' % lb.inverse_transform(predictions_binarized))

# Out[7]:
Binarized labels: [1 1 0 0]
Binarized predictions: [0 1 0 0]
Predicted labels: ['female' 'male' 'female' 'female']
```

对比测试数据集标签拟合分类器的预测标签，我们发现其中一个男性测试实例被错误地预测为女性。回顾第 1 章，二元分类任务中有两种错误类型：误报和漏报。有很多性能衡量方法可以用于分类器，根据具体应用中出现的错误类型，其中的一些方法会更加适用。我们将使用几种常见的性能衡量方法来评估分类器，包括准确率、精准率和召回率。准确率是测试实例中正确分类的比率。如代码 3.5 所示，我们的模型对 4 个实例中的一个分类错误，因此准确率为 75%。

### 代码 3.5

```
# In[8]:
from sklearn.metrics import accuracy_score
print('Accuracy: %s' % accuracy_score(y_test_binarized,
    predictions_binarized))

# Out[8]:
Accuracy: 0.75
```

精准率是为正向类测试实例被预测为正向类的比率。在这个例子中，正向类为男性。将男性和女性分配为正向类和负向类是随机的，反过来也可以。如代码 3.6 所示，我们的分类器预测一个测试实例为正向类，这个实例实际也是正向类，因此分类器的精准率为 100%。

### 代码 3.6

```
# In[9]:
from sklearn.metrics import precision_score
```

```
print('Precision: %s' % precision_score(y_test_binarized,
    predictions_binarized))
```

```
# Out[9]:
Precision: 1.0
```

召回率是真实为正向类的测试实例被预测为正向类的比率。如代码 3.7 所示，我们的分类器将两个真实为正向类的测试实例预测为正向类，因此召回率为 50%。

**代码 3.7**
```
# In[10]:
from sklearn.metrics import recall_score
print('Recall: %s' % recall_score(y_test_binarized,
    predictions_binarized))
```

```
# Out[10]:
Recall: 0.5
```

有时用一个统计变量来总结精准率和召回率很有用，这个统计变量称为 **F1 得分**或者 **F1 度量**。如代码 3.8 所示，F1 得分是精准率和召回率的调和平均值。

**代码 3.8**
```
# In[11]:
from sklearn.metrics import f1_score
print('F1 score: %s' % f1_score(y_test_binarized,
    predictions_binarized))
```

```
# Out[11]:
F1 score: 0.666666666667
```

注意精准率和召回率的算术平均值是 F1 得分的上界。当分类器的精准率和召回率之间的差异增加时，F1 得分对分类器的惩罚程度也会增加。如代码 3.9 所示，**马修斯相关系数（MCC）** 是除 F1 得分以外，另一种对二元分类器性能进行衡量的选择。一个完美分类器的 MCC 值为 1，随机进行预测的分类器 MCC 的得分为 0，完全预测错误的分类器 MCC 得分为 $-1$。即使当测试数据集的类别比例非常不平衡时，MCC 得分也非常有用。

**代码 3.9**
```
# In[12]:
from sklearn.metrics import matthews_corrcoef
print('Matthews correlation coefficient: %s' %
matthews_corrcoef(y_test_binarized, predictions_binarized))
```

```
# Out[12]:
Matthews correlation coefficient: 0.57735026919
```

scikit-learn 类还提供了一个非常有用的函数 classification_report 用于生成精准率、召回率和 F1 得分，如代码 3.10 所示。

**代码 3.10**
```
# In[13]:
from sklearn.metrics import classification_report
print(classification_report(y_test_binarized, predictions_binarized,
target_names=['male'], labels=[1]))

# Out[13]:
            precision recall f1-score support
      male       1.00   0.50     0.67       2
avg / total       1.00   0.50     0.67       2
```

# 3.4　KNN 模型回归

现在我们用 KNN 模型进行一个回归任务，我们需要使用一个人的身高和性别来预测其体重。表 3.4 和表 3.5 分别列出了训练数据和测试数据。

表 3.4

| 身　　高 | 性　　别 | 体　　重 |
|---|---|---|
| 158cm | 男性 | 64kg |
| 170cm | 男性 | 66kg |
| 183cm | 男性 | 84kg |
| 191cm | 男性 | 80kg |
| 155cm | 女性 | 49kg |
| 163cm | 女性 | 59kg |
| 180cm | 女性 | 67kg |
| 158cm | 女性 | 54kg |
| 178cm | 女性 | 77kg |

表 3.5

| 身　　高 | 性　　别 | 体　　重 |
|---|---|---|
| 168cm | 男性 | 65kg |

续表

| 身　　高 | 性　　别 | 体　　重 |
|---|---|---|
| 170cm | 男性 | 61kg |
| 160cm | 女性 | 52kg |
| 169cm | 女性 | 67kg |

我们将对 KNeighborsRegressor 类进行实例化和拟合，并使用它来预测体重。在这个数据集中，性别已经编码为二元值特征。注意该特征的取值范围是 0～1，而表示身高的特征取值范围是 155～191。我们将在下一部分中讨论为什么这样的取值范围设定会导致问题，以及如何对其改善。在披萨价格问题中，我们使用确定系数来衡量模型的性能。如代码 3.11 所示，我们将再次使用它来衡量回归模型，并引入两个用于衡量回归任务性能的新指标——**平均绝对误差（MAE）**和**均方误差（MSE）**。

**代码 3.11**

```
# In[1]:
import numpy as np
from sklearn.neighbors import KNeighborsRegressor
from sklearn.metrics import mean_absolute_error, mean_squared_error,
  r2_score

X_train = np.array([
 [158, 1],
 [170, 1],
 [183, 1],
 [191, 1],
 [155, 0],
 [163, 0],
 [180, 0],
 [158, 0],
 [170, 0]
])
y_train = [64, 86, 84, 80, 49, 59, 67, 54, 67]

X_test = np.array([
 [168, 1],
 [180, 1],
 [160, 0],
 [169, 0]
])
y_test = [65, 96, 52, 67]
```

```
K= 3
clf = KNeighborsRegressor(n_neighbors=K)
clf.fit(X_train, y_train)
predictions = clf.predict(X_test)
print('Predicted wieghts: %s' % predictions)
print('Coefficient of determination: %s' % r2_score(y_test,
    predictions))
print('Mean absolute error: %s' % mean_absolute_error(y_test,
    predictions))
print('Mean squared error: %s' % mean_squared_error(y_test,
    predictions))

# Out[1]:
Predicted wieghts: [ 70.66666667  79.         59.        70.66666667]
Coefficient of determination: 0.629056522674
Mean absolute error: 8.33333333333
Mean squared error: 95.8888888889
```

*MAE* 是预测结果误差绝对值的均值。*MAE* 的计算方法如公式 3.2 所示：

$$MAE = \frac{1}{n} \sum_{i=0}^{n-1} |y_i - \hat{y}_i| \qquad （公式3.2）$$

*MSE* 又被称为**均方偏差（均方偏差）**，比起平均绝对误差来说是一种更常用的指标。如公式 3.3 所示，*MSE* 是预测结果误差平方的均值：

$$MSE = \frac{1}{n} \sum_{i=0}^{n-1} (y_i - \hat{y}_i)^2 \qquad （公式3.3）$$

对于回归模型性能衡量指标来说，忽略误差的方向非常重要，否则一个回归模型中正负方向的误差将会相互抵消。MSE 和 MAE 分别通过对误差求平方和求绝对值避免了这个问题。对一个较大的误差值求平方会加大它对整体误差的贡献比例，因此 MSE 比 MAE 对于异常值的惩罚程度要高。该特性对于一些问题来说非常有用。由于 MSE 具有非常有用的数学特性，它通常是性能衡量指标当仁不让的首选。注意在普通的线性回归问题中，例如上一章中的简单线性回归问题，我们是对 MSE 的平方根求极小值。

## 特征缩放

当特征有相同的取值范围时，许多学习算法将会运行得更好。在上一部分中，我们使用了两个特征：一个二元值特征表示性别，另一个连续值特征表示单位为厘米的身高。考虑有一个数据集，该数据集包含身高 170 厘米的男性和身高 160cm 的女性。

数据集中的哪个实例更接近身高 164cm 的男性呢？对身高预测问题来说，我们可能相信测试实例更接近男性实例，因为对预测体重来说，性别差异可能会比 6cm 的身高差距更重要。但是如果我们以毫米为单位表示身高，测试实例更接近于身高 1600mm 的女性。如果我们以米为单位表示身高，测试实例更接近于身高 1.7m 的男性。如代码 3.12 所示，如果我们以微米为单位表示身高，身高特征对距离函数结果的贡献将会大大增加。

**代码 3.12**

```
# In[2]:
from scipy.spatial.distance import euclidean

# heights in millimeters
X_train = np.array([
 [1700, 1],
 [1600, 0]
])
x_test = np.array([1640, 1]).reshape(1, -1)
print(euclidean(X_train[0, :], x_test))
print(euclidean(X_train[1, :], x_test))

# heights in meters
X_train = np.array([
 [1.7, 1],
 [1.6, 0]
])
x_test = np.array([164, 1]).reshape(1, -1)
print(euclidean(X_train[0, :], x_test))
print(euclidean(X_train[1, :], x_test))

# Out[2]:
8.0
2.2360679775
160.3
160.4031171766933
```

scikit-learn 类库中的 StandardScaler 类是一个用于特征缩放的转换器，它能确保所有的特征都有单位方差。它首先将所有实例特征值减去均值来将其居中。其次将每个实例特征值除以特征的标准差对其进行缩放。均值为 0，方差为 1 的数据称为**标准化数据**。像 LabelBinarizer 一样，StandardScaler 类实现了特征缩放转换接口。如代码 3.13 所示，我们来将上面的回归问题特征做标准化处理，再次拟合并比较前后两个模型的性能。

**代码 3.13**

```
# In[3]:
from sklearn.preprocessing import StandardScaler
ss = StandardScaler()
X_train_scaled = ss.fit_transform(X_train)

print(X_train)
print(X_train_scaled)

X_test_scaled = ss.transform(X_test)

clf.fit(X_train_scaled, y_train)
predictions = clf.predict(X_test_scaled)
print('Predicted wieghts: %s' % predictions)
print('Coefficient of determination: %s' % r2_score(y_test,
    predictions))
print('Mean absolute error: %s' % mean_absolute_error(y_test,
    predictions))
print('Mean squared error: %s' % mean_squared_error(y_test,
    predictions))

# Out[3]:
[[158    1]
 [170    1]
 [183    1]
 [191    1]
 [155    0]
 [163    0]
 [180    0]
 [158    0]
 [170    0]]
[[-0.9908706   1.11803399]
 [ 0.01869567  1.11803399]
 [ 1.11239246  1.11803399]
 [ 1.78543664  1.11803399]
 [-1.24326216 -0.89442719]
 [-0.57021798 -0.89442719]
 [ 0.86000089 -0.89442719]
 [-0.9908706  -0.89442719]
 [ 0.01869567 -0.89442719]]
Predicted wieghts: [ 78.          83.33333333   54.          64.33333333]
Coefficient of determination: 0.670642596175
Mean absolute error: 7.58333333333
```

```
Mean squared error: 85.1388888889
```

我们的模型在标准化数据上性能表现更佳。表示性别的特征对实例之间的距离计算贡献更大，这让模型能做出更好的预测。

# 3.5  小结

在本章中，我们介绍了 KNN 模型，它是一种可以用于分类任务和回归任务的简单而强大的模型。KNN 是一种惰性学习模型和非参数模型。KNN 模型不会从训练数据中估计固定数量的模型参数，它会将所有训练实例存储起来，并使用离测试实例最近的实例去预测响应变量。我们解决了一个玩具分类问题和一个回归问题，同时还介绍了 scikit-learn 类库中的转换器接口。我们用 LabelBinarizer 类将字符串标签转换为二元标签，用 StandardScaler 类将特征标准化。

在下一章中，我们将讨论从分类变量、文本以及图片中提取特征的技术，这些方法能让我们将 KNN 模型运用到更多现实世界的问题中。

# 第 4 章
# 特征提取

在前面章节中讨论的例子使用了实值解释变量，例如披萨的直径。许多机器学习问题需要从类别变量、文本或者图像中学习。在本章中，我们将学习创建能表示这些变量的特征。

## 4.1  从类别变量中提取特征

许多问题中的解释变量是**类别变量**或者**名义变量**。类别变量的取值范围是一组固定值。例如，一个预测职位薪水的应用可能会使用类似职位所在城市这样的类别变量。类别变量通常使用 **one-of-k 编码算法**或者 **one-hot 编码算法**进行编码，因此将使用一个二进制特征表示解释变量的所有可能取值。

例如，假设我们的模型中有一个 city 变量,该变量可以从下面 3 个值中取值:New York、San Francisco 或者 Chapel Hill。One-hot 编码算法使用每个可能城市的二元特征来表示变量。scikit-learn 类库中的 Dictvectorizer 类是一个可以对类别特征进行 one-hot 编码的转换器，具体用法如代码 4.1 所示:

**代码 4.1**
```
# In[1]:
from sklearn.feature_extraction import DictVectorizer
onehot_encoder = DictVectorizer()
X= [
    {'city': 'New York'},
    {'city': 'San Francisco'},
    {'city': 'Chapel Hill'}
]
```

```
print(onehot_encoder.fit_transform(X).toarray())

# Out[1]:
[[ 0.  1.  0.]
 [ 0.  0.  1.]
 [ 1.  0.  0.]]
```

需要注意的是，特征的顺序在结果向量中是随机的。在第 1 个训练实例中，city 的值是 New York。特征向量的第 2 个元素代表 New York 值，它等同于第 1 个实例。

将一个类别解释变量用单个整数特征表示也许会比较直观。例如 New York 可以表示为 0，San Francisco 表示为 1，Chapel Hill 表示为 2。这种表示法存在一些问题用整数表示城市会对现实中不存在的城市顺序进行编码，同时也会促使模型对城市进行没有意义的比较。没有什么自然顺序会使 Chapel Hill 的编号比 San Francisco 大 1。One-hot 编码算法避免了这个问题，它只对变量的值进行表示。

## 4.2　特征标准化

在第 3 章的内容中，我们了解到当学习算法使用标准化数据进行训练时会有更好的性能。回想一下，标准化数据有零平均值和单位方差。零平均值解释变量相对于原点居中，其平均值为 0。当特征向量所有特征的方差处于相同量级，则拥有单位方差。如果一个特征的方差和其他特征的方差相差太大的数量级，该特征会控制学习算法，阻止算法从其他变量中学习。当数据没有标准化时，一些学习算法也会更慢地收敛到最佳参数值。除了我们在前一章中使用的 StandardScaler 转换器，prepocessing 模块中的 scale 函数也可以用于单独对数据集的任何轴进行标准化，如代码 4.2 所示。

**代码 4.2**
```
# In[1]:
from sklearn import preprocessing
import numpy as np
X = np.array([
 [0., 0., 5., 13., 9., 1.],
 [0., 0., 13., 15., 10., 15.],
 [0., 3., 15., 2., 0., 11.]
])
print(preprocessing.scale(X))

# Out[1]:
 [[ 0.         -0.70710678 -1.38873015  0.52489066  0.59299945
```

```
   -1.35873244]
 [ 0.          -0.70710678  0.46291005  0.87481777  0.81537425
   1.01904933]
 [ 0.           1.41421356  0.9258201  -1.39970842 -1.4083737
   0.33968311]]
```

最后，RobustScaler 是 StandardScaler 之外的另一个选择，它对于异常值具有更好的鲁棒性。StandardScaler 会从在每个实例值上减去特征均值，然后除以特征的标准差。为了减轻大异常值的影响，RobustScaler 会减去中位数，然后除以**四分位差**。四分位数通过把排序后的数据集等分为 4 个部分来计算。中位数是第 2 个四分位数，四分位差是第 1 个四分位数和第 3 个四分位数的差值。

# 4.3　从文本中提取特征

许多机器学习问题会使用文本，文本通常表示为自然语言。文本必须转换成一个向量，以此来将文本内容的某些方面进行编码。在下面的内容中，我们将审阅机器学习中最常用的两种文本表示形式的变体：词袋模型和词向量。

## 4.3.1　词袋模型

**词袋模型**是最常用的文本表示法，这种表示法使用一个多重集或袋对文本中出现的单词进行编码。词袋模型不会编码任何文本句法，同时忽视单词的顺序，忽略所有的语法。词袋模型可以被看作是 one-hot 编码的一种扩展，它会对文本中关注的每一个单词创建一个特征。词袋模型产生的灵感来源于包含类似单词的文档经常有相似的含义。词袋模型可以有效地用于文档分类和检索，同时不会受到编码信息的限制。一个文档的集合称为一个**语料库**。如代码 4.3 所示，我们使用一个包含两个文档的语料库来检验词包模型。

**代码 4.3**
```
# In[1]:
corpus = [
    'UNC played Duke in basketball',
    'Duke lost the basketball game'
]
```

代码 4.3 中的语料库包含 8 个独特的单词，语料库中独特的单词组成了语料库的词表。词包模型使用一个特征向量表示每个文档，其中的每个元素和语料库词表中的一个单词相对应。我们的语料库包含 8 个独特的单词，因此每个文档将由包含 8 个元素的向量进行表示。组成一个特征向量的元素数量称为**向量的维度**。一个字典会把词表映射到特征向量的指数。

 词包的字典可以使用 Python 的 Dictionary 实现，但是 Python 的数据结构和词包表示法的映射之间有明显的区别。

在最基本的词包表示中，特征向量的每个元素都是一个二元值，用来表示对应的单词是否在文档中出现。例如，第一个文档的第一个单词是 UNC。UNC 是字典中的第一个单词，因此向量的第 1 个元素等于 1。字典的最后一个词是 game，第一个文档没有包含单词 game，因此其特征向量的第 8 个元素设置为 0。CountVectorizer 转换器可以从一个字符串或者文件中生成词包表示。默认情况下，CountVectorizer 把文档中的字符转换为小写并对文档进行词汇切分。词汇切分是一个将字符串切分为标志或者有意义的字符序列的过程。标志通常是单词，但是也有可能是更短的序列，包括标点符号和词缀。CountVectorizer 使用一个正则表达式将字符串用空格分开，并提取长度大于等于两个字符的字符序列进行切分。如代码 4.4 所示，我们的语料库中的文档可以表示为以下的特征向量。

**代码 4.4**

```
# In[2]:
from sklearn.feature_extraction.text import CountVectorizer
vectorizer = CountVectorizer()
print(vectorizer.fit_transform(corpus).todense())
print(vectorizer.vocabulary_)

# Out[2]:
[[1 1 1 0 1 0 1 0 1]
 [1 1 1 0 1 0 1 0]]
{'played': 5, 'the': 6, 'in': 3, 'lost': 4, 'game': 2, 'basketball': 0,
    'unc': 7,'duke': 1}
```

我们的语料库现在包含下列 10 个独特的单词。注意到 I 和 a 由于没有匹配正则表达式，因此没有被提取出来。现在我们向语料库中增加第 3 个文档，然后检查词表字典和特征向量，如代码 4.5 所示。

**代码 4.5**

```
# In[3]:
corpus.append('I ate a sandwich')
```

```
print(vectorizer.fit_transform(corpus).todense())
print(vectorizer.vocabulary_)

# Out[3]:
[[0 1 1 0 1 0 1 0 0 1]
 [0 1 1 1 0 1 0 0 1 0]
 [1 0 0 0 0 0 0 1 0 0]]
{'played': 6, 'the': 8, 'in': 4, 'game': 3, 'lost': 5, 'ate': 0,
  'sandwich': 7,'basketball': 1, 'unc': 9, 'duke': 2}
```

和第 3 个文档比起来,前两个文档的意义更接近。因此当使用例如**欧几里得距离**这样的标准进行度量时,和第 3 个文档的特征向量相比,前两个文档对应的特征向量更加类似。两个向量之间的欧几里得距离等于两个向量差值的**欧几里得范数**,或者 $L^2$ 范数,如公式 4.1 所示:

$$d = \|x_0 - x_1\| \qquad (公式 4.1)$$

一个**范数**是一个为向量赋予正值尺寸的函数。一个向量的欧几里得范数等于这个向量的**量级**,如公式 4.2 所示:

$$\|x\| = \sqrt{x_1^2 + x_1^2 + \cdots + x_n^2} \qquad (公式 4.2)$$

scikit-learn 类库的 eculidean_distances 函数可以用来计算两个或多个向量之间的距离,同时确认语意最为类似的文档在向量空间中最为靠近。在下面例子中,如代码 4.6 所示,我们将使用 euclidean_distances 函数对文档进行特征向量比较。

**代码 4.6**
```
# In[4]:
from sklearn.metrics.pairwise import euclidean_distances
X = vectorizer.fit_transform(corpus).todense()
print('Distance between 1st and 2nd documents:',
  euclidean_distances(X[0], X[1]))
print('Distance between 1st and 3rd documents:',
  euclidean_distances(X[0], X[2]))
print('Distance between 2nd and 3rd documents:',
  euclidean_distances(X[1], X[2]))

# Out[4]:
Distance between 1st and 2nd documents: [[ 2.44948974]]
Distance between 1st and 3rd documents: [[ 2.64575131]]
```

```
Distance between 2nd and 3rd documents: [[ 2.64575131]]
```

现在假设我们要使用一个包含新闻文章的语料库而不是玩具语料库。我们的字典现在可能会包含成百上千的独特单词而不仅仅只有 12 个。表示文章的特征向量将包含成百上千个元素，其中的许多元素将为 0。大部分的体育主题文章中不会有金融主题文章中特有的单词，许多文化主题文章中不会有政治主题文章中特有的单词。包含许多 0 元素的高维向量被称为**稀疏向量**。

使用高维数据给所有的机器学习任务带来了一些问题，包括那些不涉及文本的任务，这些问题被统称为**维度诅咒**。第一个问题是高维度向量比低维度向量需要更多的内存和计算能力。SciPy 类库提供了一些能更有效地表示稀疏向量中非零元素的数据类型来缓和这个问题。这二个问题是随着特征空间维度的增加，模型需要更多的训练数据以确保有足够多由特征值组成的训练实例。如果缺少某个特征的训练实例，算法将过度拟合训练数据中的噪声，无法泛化。在后面的内容中，我们将审阅几种减少文本特征维度的策略。在之后的章节中，我们将会审阅更多降低维度的技巧。

## 4.3.2 停用词过滤

降低特征空间维度的一种基本策略是将所有的文本转换为小写。这是因为字母的大小写对单词的意思并没有影响。sandwich 和 Sandwich 在大部分的上下文中意思相同。大写开头也许表明一个单词位于句首，但是词包模型已经去除了所有来自单词顺序和语法的信息。

第二个策略是去掉语料库大部分文档中经常出现的单词。这些单词被称为**停用词**，经常包括例如 "the" "a" 和 "an" 这样的限定词，例如 "do" "be" 和 "will" 这样的助动词，以及例如 "on" "around" 和 "beneath" 这样的介词。停用词通常通过语法和不是本身的意思来帮助文档形成文档的意义。CountVectorizer 可以通过 stop_words 关键词参数过滤停用词，同时本身也包含一个基本的英语停用词基本列表。

我们使用停用词过滤算法来为文档重新创建特征向量，如代码 4.7 所示。

**代码 4.7**
```
# In[5]:
vectorizer = CountVectorizer(stop_words='english')
print(vectorizer.fit_transform(corpus).todense())
print(vectorizer.vocabulary_)

# Out[5]:
[[0 1 1 0 0 1 0 1]
 [0 1 1 1 1 0 0 0]
```

```
[1 0 0 0 0 0 1 0]]
{'played': 5, 'game': 3, 'lost': 4, 'ate': 0, 'sandwich': 6,
    'basketball': 1,'unc': 7, 'duke': 2}
```

现在特征向量有更少的维度，而且前两个文档仍然比起第 3 个文档来说相互之间更加类似。

## 4.3.3 词干提取和词形还原

虽然停用词过滤对于维度降低是一种很简单的策略，但是大部分的停用词列表仅仅包含几百个单词。一个巨型的语料库在过滤之后依然包含成百上千个独特的单词。两种能进一步减少维度的策略分别被称为**词干提取**和**词形还原**。

一个高维度文本向量可能会对同一个单词的派生形式和词尾变化形式分开编码。例如，"jumping"和"jumps"是单词"jump"的不同形式。在一个由跳远主题文章组成的语料库中，一个文档向量可能会对一个特征向量中每个元素的词尾变形形式进行编码。词干提取和词形还原是两种将同一个单词的词尾变化形式和派生形式压缩成单个特征的策略。现在我们来考虑另一个由两个文档组成的玩具语料库，如代码 4.8 所示。

**代码 4.8**

```
# In[6]:
corpus = [
    'He ate the sandwiches',
    'Every sandwich was eaten by him'
]
vectorizer = CountVectorizer(binary=True, stop_words='english')
print(vectorizer.fit_transform(corpus).todense())
print(vectorizer.vocabulary_)

# Out[6]:
[[1 0 0 1]
 [0 1 1 0]]
{'ate': 0, 'eaten': 1, 'sandwich': 2, 'sandwiches': 3}
```

两个文档的意思类似，但是特征向量却没有共同的元素。所有文档都包含一个单词 ate 的动词变化和一种形式的单词 sandwich。理想情况下，这些相似点都应该在特征向量中有所反映。词形还原是一个根据上下文决定一个词目或者形态学词根过程。词目是单词的基本形式，用于把单词放入一个字典中。词干提取和词形还原的目标相似，但是它不会尝试产出单词的形态学词根。相反，词干提取会删除所有作为词缀的字符模式，最终产出一个不一定是有效单词的标记。词形还原经常会需要一个词汇资源，例如 WordNet 数据库以及单词的词性。词干提取算法经常使用规则而不是词汇资源来产出词干，甚至可以在缺乏上下文的情况下在任何标记上进行操作。让我们在两个文档中考察对单词 gathering 做词形还原，如代码 4.9 所示。

**代码 4.9**

```
# In[7]:
corpus = [
    'I am gathering ingredients for the sandwich.',
    'There were many wizards at the gathering.'
]
```

在第一个句子中，gathering 是一个动词，它的词目是 gather。在第二个句子中，gathering 是一个名词，它的词目是 gathering。我们将使用 NLTK 对这个词包进行词干提取和词形还原。NLTK 的安装方法可以参考 http://www.nlkt.org/install.html。根据 gathering 的词性，NLTK 的 WordNetLemmatizer 类可以在所有文档中正确地对单词做词形还原，如代码 4.10 所示。

**代码 4.10**

```
# In[8]:
from nltk.stem.wordnet import WordNetLemmatizer
lemmatizer = WordNetLemmatizer()
print(lemmatizer.lemmatize('gathering', 'v'))
print(lemmatizer.lemmatize('gathering', 'n'))

# Out[8]:
gather
gathering
```

让我们来比较词形还原和词干提取。PorterStemmer 类不会考虑屈折形式的词性，对两个文档都返回 gather，如代码 4.11 所示：

**代码 4.11**

```
# In[9]:
from nltk.stem import PorterStemmer
stemmer = PorterStemmer()
print(stemmer.stem('gathering'))

# Out[9]:
gather
```

现在对我们的玩具语料库做词形还原，如代码 4.12 所示。

**代码 4.12**

```
# In[1]:
from nltk import word_tokenize
from nltk.stem import PorterStemmer
from nltk.stem.wordnet import WordNetLemmatizer
from nltk import pos_tag

wordnet_tags = ['n', 'v']
corpus = [
    'He ate the sandwiches',
    'Every sandwich was eaten by him'
]
stemmer = PorterStemmer()
print('Stemmed:', [[stemmer.stem(token) for token in
word_tokenize(document)] for document in corpus])


def lemmatize(token, tag):
    if tag[0].lower() in ['n', 'v']:
        return lemmatizer.lemmatize(token, tag[0].lower())
    return token

lemmatizer = WordNetLemmatizer()
tagged_corpus = [pos_tag(word_tokenize(document)) for document in
  corpus]
print('Lemmatized:', [[lemmatize(token, tag) for token, tag in
  document] for document in tagged_corpus])

# Out[1]:
Stemmed: [['He', 'ate', 'the', 'sandwich'], ['everi', 'sandwich', 'wa',
    'eaten', 'by', 'him']]
Lemmatized: [['He', 'eat', 'the', 'sandwich'], ['Every', 'sandwich',
    'be', 'eat', 'by', 'him']]
```

通过词干提取和词形还原，我们减少了特征空间的维度。我们还产出了更能有效编码文档意思的特征表示，尽管事实上语料库字典中单词在句子中有不同的词尾变化。

## 4.3.4　tf-idf 权重扩展词包

在前面的内容中，我们使用了词包表示法来创建特征向量，无论该单词是否出现在文档中我们都对语料库字典中的单词进行编码。这些特征向量不会编码语法、单词顺序或者词频。直观上来说，一个单词在文档中出现的频率可以表明该文档与单词的相关程度。和某个单词只出现一次的长文档相比，同样的单词出现很多次的文档可能讨论的是完全不同的主题。在本节内容中，我们将创建编码单词频数的特征向量，并讨论用于减轻由编码单词频数带来的两个问题的策略。我们将使用一个整数来表示单词在文档中出现的次数，而不是使用一个二元值表示特征向量中的每个元素。通过使用停用词过滤，语料库被表示为以下的特征向量，如代码 4.13 所示。

**代码 4.13**

```
# In[1]:
import numpy as np
from sklearn.feature_extraction.text import CountVectorizer

corpus = ['The dog ate a sandwich, the wizard transfigured a sandwich,
    and I ate a sandwich']
vectorizer = CountVectorizer(stop_words='english')
frequencies = np.array(vectorizer.fit_transform(corpus).todense())[0]
print(frequencies)
print('Token indices %s' % vectorizer.vocabulary_)
for token, index in vectorizer.vocabulary_.items():
    print('The token "%s" appears %s times' % (token,
        frequencies[index]))

# Out[1]:
[2 1 3 1 1]
Token indices {'ate': 0, 'sandwich': 2, 'dog': 1, 'wizard': 4,
    'transfigured': 3}
The token "ate" appears 2 times
The token "sandwich" appears 3 times
The token "dog" appears 1 times
The token "wizard" appears 1 times
The token "transfigured" appears 1 times
```

如代码 4.13 所示，对应 dog 的元素（索引为 1）现在设置为 1，对应 sandwich 的元素（索引为 2）被设置为 3 标明对应的单词分别出现了 1 次和 3 次。需要注意 CountVectorizer 类的 binary 参数被忽略了，其默认值为 False，此时将返回单词出现了真正频数而非二元频数。在特征向量中对单词项的真实频数进行编码可以为文档的意义提供额外的信息，但前提需要假设所有文档都有相似的长度。许多单词也许在两个文档中出现的频数相同，但是如果其中一个文档长度比另一个大数倍，两个文档仍然会有很大差别。scikit-learn 类库的 TfdfTransformer 类可以通过将单词频数向量矩阵转换为一个标准化单词频数权重矩阵来缓和这个问题。默认情况下，`TfdfTransformer` 类对真实频数做光滑化处理，并对其运用 $L^2$ 范数。光滑化标准后的单词频数可以由公式 4.3 给出：

$$tf(t,d) = \frac{f(t,d)}{\|x\|} \qquad （公式 4.3）$$

在公式 4.3 中，分子表示单词在文档中出现的频数，分母是单词频数向量的 $L^2$ 范数。除了对真实单词频数进行标准化以外，我们还可以通过计算单词频数的对数将频数缩放到一个有限制的范围内来改善特征向量。单词频数的对数缩放值由公式 4.4 给出：

$$tf(t,d) = 1 + \log f(t,d) \qquad （公式 4.4）$$

当 `sublinear_tf` 关键词参数设置为 `True` 时，`TfdfTransformer` 会计算单词频数的对数缩放值。标准化和对数缩放之后的单词频数可以表示一个文档中单词出现的频数，同时也能缓和不同文档大小的影响。然而，这样的表示法仍然存在另一个问题。特征向量包含大量在一个文档中频繁出现的单词的权重，即使这些单词在语料库中的大部分文档里都频繁出现。这些单词对表示某个特定文档相对于语料库总的其他文档的意义来说没有帮助。例如，一个关于杜克大学篮球队文章的语料库的大部分文档中可能都包含了 Coach K、trip 和 flop 这样的单词。这些单词可以看作语料库特有的停用词，并且可能对计算文档的相似性没有帮助。**逆文档频率（IDF）** 是一种衡量一个单词在语料库中是否稀有或者常见的方式。

逆文档频率可以由公式 4.5 算出：

$$idf(t,D) = \log \frac{N}{1 + |d \in D : t \in d|} \qquad （公式 4.5）$$

在公式 4.5 中，分子是语料库中的文档总数，分母是语料库中包含该单词的文档总数。一个单词的 tf-idf 值是其单词频数和逆文档指数的乘积。当 use_idf 关键词参数被设置为其默认值 Ture 的时候，`TfdfTransformer` 将返回 tf-idf 权重。由于 tf-idf 权重特征向量经常用于表示文本，scikit-learn 类库提供了一个 TfidfVectorizer 转换器类，它封装了 CountVectorizer 类和 TfdfTransformer 类。让我们使用 TfidfVectorizer 类来为语料库创建 tf-idf 权重特征向量，如代码 4.14 所示。

**代码 4.14**

```
# In[1]:
from sklearn.feature_extraction.text import TfidfVectorizer

corpus = [
```

```
    'The dog ate a sandwich and I ate a sandwich',
    'The wizard transfigured a sandwich'
]
vectorizer = TfidfVectorizer(stop_words='english')
print(vectorizer.fit_transform(corpus).todense())


# Out[1]:
[[ 0.75458397  0.37729199  0.53689271  0.          0.         ]
 [ 0.          0.          0.44943642  0.6316672  0.6316672 ]]
```

通过比较 tf-idf 权重和真实单词频数，我们能看到在语料库中许多文档中常见的单词
（例如 sandwich），都已经被惩罚。

## 4.3.5　空间有效特征向量化与哈希技巧

在本章前面的示例中，都有一个字典包含语料库中所有独特标记被用于将文档中的标
记映射到特征向量元素。然而创建这个字典有两个缺点，首先，需要遍历两次语料库，第
一次遍历用于创建字典，第二次遍历用于为文档创建特征向量；其次，字典必须存储在内
存中，这对于大语料库来说这是很昂贵的。我们可以通过对标记使用哈希函数直接决定其
在特征向量中的索引来避免创建这个字典，这个捷径叫作**哈希技巧**，如代码 4.15 所示。

**代码 4.15**
```
# In[1]:
from sklearn.feature_extraction.text import HashingVectorizer

corpus = ['the', 'ate', 'bacon', 'cat']
vectorizer = HashingVectorizer(n_features=6)
print(vectorizer.transform(corpus).todense())

# Out[1]:
[[-1.  0.  0.  0.  0.  0.]
 [ 0.  0.  0.  1.  0.  0.]
 [ 0.  0.  0.  0. -1.  0.]
 [ 0.  1.  0.  0.  0.  0.]]
```

哈希技巧是无状态的。因为哈希技巧不需要初始遍历语料库，它能被用于在并行在线
应用或者流式应用中创建特征向量。需要注意 n_features 是一个可选关键词参数，其默认
值 $2^{20}$ 对大多数问题来说已经绰绰有余，在代码 4.15 中它被设置为 6 以使整个矩阵可以足
够小以便能打印出来。还需要注意的是一些单词的频数为负数。由于哈希冲突可能会发生，
HashingVectorizer 使用一个签名哈希函数。一个特征的的值会采用和其标记哈希一样

的签名。如果单词 cats 在一个文档中出现了 2 次，其哈希值决定的索引为−3，那么该文档特征向量的第 4 个元素值为 2（表示单词 cats 出现的次数）。如果单词 dogs 也出现了 2 次，其哈希值决定的索引为 3，那么特征向量的第 4 个元素值应该增加 2。使用签名哈希函数创建了一种哈希冲突的错误能相互抵消而不是累计的可能，但仅仅是信息的丢失要比信息丢失外加信息伪造要好得多。使用哈希技巧的另一个缺点是由于字典没有存储，因此产出的模型难以检查。

## 4.3.6　词向量

词向量是一种减轻了一些词袋模型缺点的文本表示法。词袋模型使用一个标量表示一个标记，而词向量则使用一个向量。向量经常会被压缩，通常包含 50～500 个维度。这些表示单词的向量处于一个度量空间中。语义相似的单词对应的向量互相也很接近。具体来说，词向量参数化的函数，接受一个来自一些语言的标记作为输入项，并产出一个向量。这个函数本质上是一个词向量矩阵参数化的查找表。这个矩阵是如何学习的呢？

一个词向量函数的参数通常是通过训练一个不同任务的模型来学习的。例如，我们考虑训练一个用于预测一个包含某种语言 5 个单词的序列是否有效的语言模型。由于我们只关心词向量参数是如何产生的，我们将在一些有限的细节中描述这个模型和算法。

我们用于这个任务的数据集包含单词序列元组和标明序列是否有效的二元标签。正向实例可以从大型语料库中提取单词序列产生，例如谷歌新闻、维基百科或者 Common Crawl 网站。负向实例可以通过使用语料库中随机单词替换正向实例序列中的单词产生，产生的结果序列可能是无意义的。一个正向实例序列的例子是 the Duke basketball player floped。一个负向实例的例子是 the Duke basketball player potato。

我们的语言模型有两个组件。第一个组件本质上是词向量函数，提供一个标记，它能产出一个向量。第二个组件是一个用于预测 5 个向量是否表示一个有效标记序列的二元分类器。第一个组件的参数随机初始化，并随着分类器的训练来进行更新。将一个有效序列中的单词替换为一个意思相近的单词可能会产出一个有效的序列。如果"the small cat is grumpy"和"the small kitten is grumpy"都是有效序列，模型可能会把"cat"和"kitten"都表示为相似的向量。将一个有效序列中的单词替换为一个不相关的单词可能会产出一个无效的序列。序列"the small cat was grumpy"和"the small sandwich was grumpy"只有一个单词不一样，如果分类器把后者分类为无效序列，那么表示"cat"和"sandwich"的向量肯定不同。通过对有效标记序列分类的学习，模型创建了对相似含义的单词产出相似向量的词向量函数。表示同义词（例如"small"和"tiny"）以及同等单词（例如"UNC"

和"Duke")的向量应该相似。而表示反义词（例如"big"和"small"）的向量，应该只在一个或者很少的几个维度上类似。

类似的，表示上位词和它们的下位词（例如"color"和"blue"，或者"furniture"和"chair"）的向量，应该只在几个很少的维度上有差异。

考虑一个包含文档"the dog was happy"的语料库。假设这个语料库的单词不包含标记"puppy"或者"sad"。当碰到像"the dog was sad"这样的句子时，一个在用词包表示的语料库上训练的情感分析模型将无力处理，而一个在词向量上训练的模型则更具备有效的泛化能力。

让我们来检查一些词向量。在一个大型语料库上训练一个如示例中的序列分类器将耗费大量的计算能力，但是产出的词向量可以运用到许多领域。正因如此，我们经常会使用提前训练好的词向量。在本节中我们将使用在谷歌新闻语料库上训练过的 word2vec 词向量。该语料库包含超过 1000 亿个单词，同时 word2vec 词向量包含针对超过 300 万个英语单词的 300 维向量。我们也将使用 Python 库 gensim 来检查模型，衡量单词的相似度，并完成类比。在后面的章节中我们将使用这些表示法作为特征向量，如代码 4.16 所示。

**代码 4.16**

```
# In[1]:
# See https://radimrehurek.com/gensim/install.html for gensim
  installatio instructions
# Download and gunzip the word2vec embeddings from
# https://github.com/mmihaltz/word2vec-GoogleNews-vectors/blob/master/Go
ogleNews-vectors-negative300.bin.gz
# The 1.5GB compressed file decompresses to 3.4GB.
import gensim

# The model is large; >= 8GB of RAM is required
model = gensim.models.KeyedVectors.load_word2vec_format('./GoogleNews-
  vectors- negative300.bin', binary=True)

# Let's inspect the embedding for "cat"
embedding = model.word_vec('cat')
print("Dimensions: %s" % embedding.shape)
print(embedding)

# Out[2]:
Dimensions: 300
[ 0.0123291 0.20410156 -0.28515625 0.21679688 0.11816406 0.08300781
 0.04980469 -0.00952148 0.22070312 -0.12597656 0.08056641 -0.5859375
```

-0.00445557 -0.296875 -0.01312256 -0.08349609 0.05053711 0.15136719
-0.44921875 -0.0135498 0.21484375 -0.14746094 0.22460938 -0.125
-0.09716797 0.24902344 -0.2890625 0.36523438 0.41210938 -0.0859375
-0.07861328 -0.19726562 -0.09082031 -0.14160156 -0.10253906 0.13085938
-0.00346375 0.07226562 0.04418945 0.34570312 0.07470703 -0.11230469
0.06738281 0.11230469 0.01977539 -0.12353516 0.20996094 -0.07226562
-0.02783203 0.05541992 -0.33398438 0.08544922 0.34375 0.13964844
0.04931641 -0.13476562 0.16308594 -0.37304688 0.39648438 0.10693359
0.22167969 0.21289062 -0.08984375 0.20703125 0.08935547 -0.08251953
0.05957031 0.10205078 -0.19238281 -0.09082031 0.4921875 0.03955078
-0.07080078 -0.0019989 -0.23046875 0.25585938 0.08984375 -0.10644531
0.00105286 -0.05883789 0.05102539 -0.0291748 0.19335938 -0.14160156
-0.33398438 0.08154297 -0.27539062 0.10058594 -0.10449219 -0.12353516
-0.140625 0.03491211 -0.11767578 -0.1796875 -0.21484375 -0.23828125
0.08447266 -0.07519531 -0.25976562 -0.21289062 -0.22363281 -0.09716797
0.11572266 0.15429688 0.07373047 -0.27539062 0.14257812 -0.0201416
0.10009766 -0.19042969 -0.09375 0.14160156 0.17089844 0.3125
-0.16699219 -0.08691406 -0.05004883 -0.24902344 -0.20800781 -0.09423828
-0.12255859 -0.09472656 -0.390625 -0.06640625 -0.31640625 0.10986328
-0.00156403 0.04345703 0.15625 -0.18945312 -0.03491211 0.03393555
-0.14453125 0.01611328 -0.14160156 -0.02392578 0.01501465 0.07568359
0.10742188 0.12695312 0.10693359 -0.01184082 -0.24023438 0.0291748
0.16210938 0.19921875 -0.28125 0.16699219 -0.11621094 -0.25585938
0.38671875 -0.06640625 -0.4609375 -0.06176758 -0.14453125 -0.11621094
0.05688477 0.03588867 -0.10693359 0.18847656 -0.16699219 -0.01794434
0.10986328 -0.12353516 -0.16308594 -0.14453125 0.12890625 0.11523438
0.13671875 0.05688477 -0.08105469 -0.06152344 -0.06689453 0.27929688
-0.19628906 0.07226562 0.12304688 -0.20996094 -0.22070312 0.21386719
-0.1484375 -0.05932617 0.05224609 0.06445312 -0.02636719 0.13183594
0.19433594 0.27148438 0.18652344 0.140625 0.06542969 -0.14453125
0.05029297 0.08837891 0.12255859 0.26757812 0.0534668 -0.32226562
-0.20703125 0.18164062 0.04418945 -0.22167969 -0.13769531 -0.04174805
-0.00286865 0.04077148 0.07275391 -0.08300781 0.08398438 -0.3359375
-0.40039062 0.01757812 -0.18652344 -0.0480957 -0.19140625 0.10107422
0.09277344 -0.30664062 -0.19921875 -0.0168457 0.12207031 0.14648438
-0.12890625 -0.23535156 -0.05371094 -0.06640625 0.06884766 -0.03637695
0.2109375 -0.06005859 0.19335938 0.05151367 -0.05322266 0.02893066
-0.27539062 0.08447266 0.328125 0.01818848 0.01495361 0.04711914
0.37695312 -0.21875 -0.03393555 0.01116943 0.36914062 0.02160645
0.03466797 0.07275391 0.16015625 -0.16503906 -0.296875 0.15039062
-0.29101562 0.13964844 0.00448608 0.171875 -0.21972656 0.09326172
-0.19042969 0.01599121 -0.09228516 0.15722656 -0.14160156 -0.0534668
0.03613281 0.23632812 -0.15136719 -0.00689697 -0.27148438 -0.07128906

```
 -0.16503906 0.18457031 -0.08398438 0.18554688 0.11669922 0.02758789
 -0.04760742 0.17871094 0.06542969 -0.03540039 0.22949219 0.02697754
 -0.09765625 0.26953125 0.08349609 -0.13085938 -0.10107422 -0.00738525
  0.07128906 0.14941406 -0.20605469 0.18066406 -0.15820312 0.05932617
  0.28710938 -0.04663086 0.15136719 0.4921875 -0.27539062 0.05615234]

# In[2]:
# The vectors for semantically similar words are more similar than the
    vectors for semantically dissimilar words
print(model.similarity('cat', 'dog'))
print(model.similarity('cat', 'sandwich'))

# Out[2]:
0.760945708978
0.172112036738

# In[3]:
# Puppy is to cat as kitten is to...
print(model.most_similar(positive=['puppy', 'cat'], negative=['kitten'],
topn=1))

# Out[3]:
[(u'dog', 0.7762665152549744)]

# In[4]:
# Palette is to painter as saddle is to...
for i in model.most_similar(positive=['saddle', 'painter'], negative=
  ['palette'], topn=3):
    print(i)

# Out[4]:
(u'saddles', 0.5282258987426758)
(u'horseman', 0.5179383158683777)
(u'jockey', 0.48861297965049744)
```

# 4.4　从图像中提取特征

　　计算视觉是对处理和理解图像计算构件的研究和设计。这些构件有时会使用机器学习，对计算视觉的概述远远超出了本书的范围，但是在本节内容中，我们将审阅一些在计算视觉中用于机器学习图像表示的基本技巧。

## 4.4.1 从像素强度中提取特征

一幅数字图像经常是光栅，或者将颜色映射到网格坐标的像素映射。也就是说，一幅图像可以被视为一个矩阵，其中每一个元素都表示一种颜色。一种图像表示的基本技巧是通过将矩阵的行拼接成一个向量来构造。**光学字符辨识（OCR）**是一个典型的机器学习问题。让我们使用这种技巧创建基本特征表示，其可用于一个 OCR 应用中识别以字符分隔形式的手写数字。

scikit-learn 类库中的 digits 数据集包含超过 1700 个 0～9 之间的手写数字的灰度图片。每张图片一般包含 8 个像素。每个像素使用 0～16 之间的强度值来表示，白色是强度最强的表示为 0，黑色是强度最弱的表示为 16。图 4.1 是一张该数据集中的手写数字图片。我们现在通过把该图片的矩阵改造成一个 64 维的向量，为图片创建一个特征向量，如代码 4.17 所示。

图 4.1

**代码 4.17**

```
# In[1]:
from sklearn import datasets

digits = datasets.load_digits()
print('Digit: %s' % digits.target[0])
print(digits.images[0])
print('Feature vector:\n %s' % digits.images[0].reshape(-1, 64))
```

```
# Out[1]:
Digit: 0
[[  0.    0.    5.   13.    9.    1.    0.    0.]
 [  0.    0.   13.   15.   10.   15.    5.    0.]
 [  0.    3.   15.    2.    0.   11.    8.    0.]
 [  0.    4.   12.    0.    0.    8.    8.    0.]
 [  0.    5.    8.    0.    0.    9.    8.    0.]
 [  0.    4.   11.    0.    1.   12.    7.    0.]
 [  0.    2.   14.    5.   10.   12.    0.    0.]
 [  0.    0.    6.   13.   10.    0.    0.    0.]]
Feature vector:
[[  0.    0.    5.   13.    9.    1.    0.    0.    0.    0.   13.   15.   10.   15.
    5.    0.    0.    3.   15.    2.    0.   11.    8.    0.    0.    4.   12.    0.
    0.    8.    8.    0.    0.    5.    8.    0.    0.    9.    8.    0.    0.    4.
   11.    0.    1.   12.    7.    0.    0.    2.   14.    5.   10.   12.    0.    0.
    0.    0.    6.   13.   10.    0.    0.    0.]]
```

这种表示方法对于一些基本任务来说是有效的，例如识别打印字符。然而，记录图像中的每个像素的强度会产出巨大的特征向量。一张小型 100 像素 × 100 像素的灰度图片将会需要一个 10000 维的向量，一张 1920 像素 × 1080 像素的灰度图片需要一个 2073600 维度的向量。和我们之前创建的 **tf-idf** 特征向量不同，在大多数问题中，这些向量都不是稀疏的。空间复杂度并不是这种表示法唯一的缺点，从像素尤其是特定位置的像素学习将产出对图片缩放、旋转和位移变化非常敏感的模型。如果我们把数字在任何方向上平移几个像素，放大或者旋转几度，一个在我们的基本特征表示上训练的模型可能无法识别出相同的数字 0。此外，从像素强度学习具有自身的问题，因为模型对光照的变化很敏感。由于这些原因，这种表示法对于涉及照片或其他自然图像的任务并不十分有效。现在计算视觉应用经常需要使用可以运用于许多不同问题的特征提取方法，或者使用例如**深度学习**这样的技巧自动学习特征而无需进行监督学习。我们将在下一节内容中关注后一种情况。

## 4.4.2　使用卷积神经网络激活项作为特征

近些年来，**卷积神经网络（CNN）**已经成功运用到各式各样的任务中，包括计算视觉任务，如目标识别和语义切分。在本节内容中，我们不会讨论 CNN 的细节。虽然我们在之后的一个章节中会讨论像多层感知机这样的一般神经网络，然而 scikit-learn 类库却不适合用于深度学习。

在词向量一节中，我们关注 CNN 只是想用其提取特征用于其他模型。我们将使用 Caffe

这个流行的深度学习类库的 Python 绑定，以及一个叫作 **CaffeNet** 的预训练网络从图片中提取特征。和词向量模型一样，我们将使用由另一个任务训练的模型创建的特征表示。在本示例中，CaffeNet 被训练来识别 1000 个对象类，这些类包括动物、交通工具和日常用品，完整的对象类列表可以查看 http://image-net.org/challenges/LSVRC/2014/browse-synsets。我们将使用 CaffeNet 网络第二层到最后一层的激活项或者输出项。这个 4096 维的向量在一个度量空间中表示图片，并且能在图片平移、旋转以及亮度变化的情况下保持不变。相似的向量所表示的图片应该是语义相似的，即使它们的像素强度有所差别。

可以通过 http://caffe.berkeleyvision.org/installation.html 链接查看 Caffe 在 Windows、Mac OS 和 Ubuntu 系统下的安装说明。在这个例子中我们同时需要 Caffe 和它的 Python 类库。把到 caffe/python 目录的路径添加你的 PYTHONPATH 环境变量中，按照 http://caffe.berkeleyvision.org/gathered.examples.imagenet.html 中的说明下载 CaffeNet。接下来，让我们从图 4.2 中提取特征。

图 4.2

代码 4.18 加载了模型，对图片进行了预处理，并将输出项通过网络向前传播。

代码 4.18

```
# In[1]:
import os
import caffe
import numpy as np
CAFFE_DIR = '/your/path/to/caffe'
```

```
MEAN_PATH = os.path.join(CAFFE_DIR,
    'python/caffe/imagenet/ilsvrc_2012_mean.npy')
PROTOTXT_PATH = os.path.join(CAFFE_DIR,
    'models/bvlc_reference_caffenet/deploy.prototxt')
CAFFEMODEL_PATH = os.path.join(CAFFE_DIR,
    'models/bvlc_reference_caffenet/bvlc_reference_caffenet.caffemodel')
IMAGE_PATH = 'data/zipper-1.jpg'

# 初始化网络
net = caffe.Net(PROTOTXT_PATH, CAFFEMODEL_PATH, caffe.TEST)
# 配置一个转换器，对输入图片值缩放到[0,1]，再减去每个通道像素的平均值，并将通道调换到
RGB 颜色空间
# 测试图片需要和训练图片做相同的处理
transformer = caffe.io.Transformer({'data':
    net.blobs['data'].data.shape})
transformer.set_transpose('data', (2, 0, 1))
transformer.set_mean('data', np.load(MEAN_PATH).mean(1).mean(1))
transformer.set_raw_scale('data', 255)
transformer.set_channel_swap('data', (2,1,0))

# 加载一张图片
net.blobs['data'].reshape(1, 3, 227, 227)
net.blobs['data'].data[0] = transformer.preprocess('data',
    caffe.io.load_image(IMAGE_PATH))

# 向前传播，并打印出"fc7"层的激活项
net.forward()
features = net.blobs['fc7'].data.reshape(-1,)
print(features.shape)
print(features)

# Out[1]:
(4096,)
[ 0.          0.          0.77542615 ...,  0.          0.          0.
]
```

## 4.5  小结

在本章中，我们讨论了特征提取，学习了一些创建能用于机器学习算法的数据表示法的技巧。首先，我们使用 one-hot 编码和 scikit-learn 类库的 DictVectorizer 类从类别解释变量创建特征。我们学习了数据标准化以确保估计器能从所有的特征中学习并尽

快收敛。

其次，我们从机器学习问题中使用的一种最常见类型（文本）中提取特征。我们检验了词袋模型的几种变体，它抛弃了所有的语法，只对一个文档中的标示出现的频率进行编码。我们首先使用 `CountVectorizer` 类创建了基本的二元项目词频。我们学习了通过过滤停用词和词干标示处理文本，并将特征向量中的词频替换为能惩罚常用词和对不同长度的文档做标准化处理的 **tf-idf** 权重。我们接着还讨论了词向量，其使用向量而不是标量来表示单词。

最后，我们从图像中提取特征。首先使用像素强度的扁平化矩阵来表示手写数字图片，接着我们使用一个预训练的 CNN 网络的激活项目作为低维度的特征表示。这些表示和图像的平移、旋转、光照变化无关，并允许模型进行更有效的泛化。我们将在后续章节的例子中使用这些特征提取技巧。

# 第 5 章
# 从简单线性回归到多元线性回归

在第 2 章中，我们使用简单线性回归对一个解释变量和一个连续响应变量之间的关系进行建模，并使用披萨的直径去预测其价格。在第 3 章中，我们介绍了 KNN 并使用多于一个解释变量去进行预测的分类器和回归器。在本章中，我们将讨论多元线性回归，它是一种将一个连续响应变量在多个特征上进行回归的简单线性回归泛化形式。我们首先将解出能将 RSS 代价函数极小化的参数值。接着介绍一种能预估多种代价函数极小值参数值的强大的学习算法，称为**梯度下降法**。我们还将讨论另一种多元线性回归的特殊形式——多项式回归，并了解增加模型的复杂度将增大模型泛化失败风险的原因。

## 5.1  多元线性回归

之前我们训练并评价了一个用于预估披萨价格的模型。尽管你非常急切地想要向朋友、同事介绍这个披萨价格预测器，你还是很担心这个模型并不完美的判定系数和其预测结果会给你带来的尴尬场面。你应该如何提升这个模型呢？

回顾一下你个人吃披萨的经验，从直觉上你可能感到披萨的其他特征也和其价格相关联。例如，披萨的价格经常由披萨顶部配料的数量决定。幸运的是，你的披萨手册详细地描述了其顶部配料，让我们增加顶部配料的数量作为第 2 个解释变量。我们在此不能使用简单线性回归进行处理，但是我们可以使用一种称为**多元线性回归**的简单线性回归的泛化形式，它可以使用多个解释变量。多元线性回归模型如公式 5.1 所示：

$$y = \alpha + \beta_1 x_1 + \beta_2 x_2 + \cdots + \beta_n x_n \qquad （公式 5.1）$$

和简单线性回归使用单一解释变量和单一系数不同，多元线性回归使用任意数量的解释变量，每个解释变量对应一个系数。用于线性回归的模型也可以被表示为向量计法，如公式 5.2 所示：

$$Y = X\beta \qquad \text{（公式 5.2）}$$

对于简单线性回归，向量计法等同于公式 5.3：

$$\begin{bmatrix} Y_1 \\ Y_2 \\ \vdots \\ Y_n \end{bmatrix} = \begin{bmatrix} \alpha + \beta X_1 \\ \alpha + \beta X_2 \\ \vdots \\ \alpha + \beta X_n \end{bmatrix} = \begin{bmatrix} 1 & X_1 \\ 1 & X_2 \\ \vdots & \vdots \\ 1 & X_n \end{bmatrix} \times \begin{bmatrix} \alpha \\ \beta \end{bmatrix} \qquad \text{（公式 5.3）}$$

$Y$ 是一个由训练实例响应变量组成的列向量。$\beta$ 是一个由模型参数值组成的列向量。$X$ 有时也被称为**设计矩阵**，是一个由训练实例解释变量组成的 $m \times n$ 的矩阵。$m$ 是训练实例的数量，$n$ 是特征的数量。如表 5.1 所示，我们将披萨顶部配料数量包含进来更新披萨训练数据。

表 5.1

| 训练实例 | 直径（单位：英寸） | 顶部配料数量 | 价格（单位：美元） |
|---|---|---|---|
| 1 | 6 | 2 | 7 |
| 2 | 8 | 1 | 9 |
| 3 | 10 | 0 | 13 |
| 4 | 14 | 2 | 17.5 |
| 5 | 18 | 0 | 18 |

我们也需要更新测试数据来包含第 2 个解释变量，如表 5.2 所示。

表 5.2

| 测试实例 | 直径（单位：英寸） | 顶部配料数量 | 价格（单位：美元） |
|---|---|---|---|
| 1 | 8 | 2 | 11 |
| 2 | 9 | 0 | 8.5 |
| 3 | 11 | 2 | 15 |
| 4 | 16 | 2 | 18 |
| 5 | 12 | 0 | 11 |

我们的学习算法必须估计 3 个参数的值：两个特征对应的系数和一个截断项。尽管有人可能会想要通过在等式的每一边都除以 $X$ 来解出 $\beta$ 值，但是我们回想一下会发现直接除以一个矩阵是不可行的。然而，除以一个整数等同于乘以同一个整数的倒数，我们可以通过乘以矩阵 $X$ 的逆矩阵来避免矩阵除法。需要注意的是只有方阵可以求逆。矩阵 $X$ 并不一

定是方阵，而我们也不能用特征的数量来限制训练实例的数量。为了避开这个限制，我们需要将 $X$ 乘以其转置来产出一个可以求逆的方阵。一个矩阵的转置是将矩阵的行变为列、将列变为行，并用一个上角标 T 表示，如公式 5.4 所示：

$$\begin{bmatrix} 1 & 2 & 3 \\ 4 & 5 & 6 \end{bmatrix}^{T} = \begin{bmatrix} 1 & 4 \\ 2 & 5 \\ 3 & 6 \end{bmatrix} \qquad (\text{公式 5.4})$$

回顾一下，我们的模型如下面公式 5.5 所示：

$$Y = X\beta \qquad (\text{公式 5.5})$$

我们可以从训练数据中获得 $Y$ 和 $X$ 的值。我们需要找出能将代价函数极小化的 $\beta$ 值，并由公式 5.6 解出 $\beta$ 值：

$$\beta = (X^{T}X)^{-1}X^{T}Y \qquad (\text{公式 5.6})$$

我们可以使用 NumPy 库解出 $\beta$ 值，如代码 5.1 所示。

**代码 5.1**

```
# In[1]:
from numpy.linalg import inv
from numpy import dot, transpose

X = [[1, 6, 2], [1, 8, 1], [1, 10, 0], [1, 14, 2], [1, 18, 0]]
y = [[7], [9], [13], [17.5], [18]]
print(dot(inv(dot(transpose(X), X)), dot(transpose(X), y)))

# Out[1]:
[[ 1.1875    ]
 [ 1.01041667]
 [ 0.39583333]]
```

NumPy 库也提供了一个最小二乘函数，它能被用来更简洁地解出参数值，如代码 5.2 所示。

**代码 5.2**

```
# In[1]:
from numpy.linalg import lstsq

X = [[1, 6, 2], [1, 8, 1], [1, 10, 0], [1, 14, 2], [1, 18, 0]]
y = [[7], [9], [13], [17.5], [18]]
```

```
print(lstsq(X, y)[0])

# Out[1]:
[[ 1.1875     ]
 [ 1.01041667]
 [ 0.39583333]]
```

我们使用第 2 个解释变量来更新披萨价格预测代码，并在测试集上和简单线性回归模型比较性能，如代码 5.3 所示。

**代码 5.3**

```
# In[1]:
from sklearn.linear_model import LinearRegression

X = [[6, 2], [8, 1], [10, 0], [14, 2], [18, 0]]
y = [[7], [9], [13], [17.5], [18]]
model = LinearRegression()
model.fit(X, y)
X_test = [[8, 2], [9, 0], [11, 2], [16, 2], [12, 0]]
y_test = [[11], [8.5], [15], [18], [11]]
predictions = model.predict(X_test)
for i, prediction in enumerate(predictions):
    print('Predicted: %s, Target: %s' % (prediction, y_test[i]))
    print('R-squared: %.2f' % model.score(X_test, y_test))

# Out[1]:
Predicted: [ 10.0625], Target: [11]
R-squared: 0.77
Predicted: [ 10.28125], Target: [8.5]
R-squared: 0.77
Predicted: [ 13.09375], Target: [15]
R-squared: 0.77
Predicted: [ 18.14583333], Target: [18]
R-squared: 0.77
Predicted: [ 13.3125], Target: [11]
R-squared: 0.77
```

很明显，增加顶部配料数量作为解释变量提升了模型的性能。在后面的章节中，我们将讨论为什么在单一测试集上评估模型会产出不准确的模型性能预估，以及如何通过在数据的多个划分上训练和测试数据来更加准确地估计模型的性能。然而，就目前而言我们接受多元线性回归模型性能确实优于简单线性回归模型这个事实。披萨还有很多属性能够解释其价格。在真实世界中，倘若这些解释变量和响应变量并不是线性关系会怎么样呢？在下一节中，我们将检验一种能用于对非线性关系建模的多元线性回归的特殊形式。

## 5.2　多项式回归

　　在前面的例子中，我们假设解释变量和响应变量之间的真实关系是线性的。在本节内容中，我们将使用多项式回归——一种多元线性回归的特殊形式，用于对响应变量和多项式特征项之间的关系进行建模。真实世界的曲线关系通过对特征做变换获得，而这些特征与多元线性回归的特征一致。在本节内容中，为了便于可视化，我们依然只使用披萨直径作为唯一解释变量。我们使用下面的数据集比较线性回归和多项式回归，如表 5.3 和表 5.4 所示。

表 5.3

| 训 练 实 例 | 直径（单位：英寸） | 价格（单位：美元） |
|---|---|---|
| 1 | 6 | 7 |
| 2 | 8 | 9 |
| 3 | 10 | 13 |
| 4 | 14 | 17.5 |
| 5 | 18 | 18 |

表 5.4

| 测 试 实 例 | 直径（单位：英寸） | 价格（单位：美元） |
|---|---|---|
| 1 | 6 | 7 |
| 2 | 8 | 9 |
| 3 | 10 | 13 |
| 4 | 14 | 17.5 |

　　二次回归，或者二阶多项式回归，由公式 5.7 所示：

$$y = \alpha + \beta_1 x + \beta_2 x^2 \tag{公式 5.7}$$

　　注意到我们仅仅只用了一个解释变量的一个特征，但是模型现在有 3 个参数项而不是两个。解释变量进行了变换，并作为第 3 个项目增加到模型来捕获曲线关系。同时也需要注意到在向量计法下多项式回归的方程和多元线性回归的方程一致。PolynomialFeatures 转换器可以用于为一个特征表示增加多项式特征。我们使用这些特征来拟合一个模型，并将其和简单线性回归模型做比较，如代码 5.4 所示。

**代码 5.4**

```python
# In[1]:
import numpy as np
import matplotlib.pyplot as plt
from sklearn.linear_model import LinearRegression
from sklearn.preprocessing import PolynomialFeatures

X_train = [[6], [8], [10], [14], [18]]
y_train = [[7], [9], [13], [17.5], [18]]
X_test = [[6], [8], [11], [16]]
y_test = [[8], [12], [15], [18]]
regressor = LinearRegression()
regressor.fit(X_train, y_train)
xx = np.linspace(0, 26, 100)
yy = regressor.predict(xx.reshape(xx.shape[0], 1))
plt.plot(xx, yy)
quadratic_featurizer = PolynomialFeatures(degree=2)
X_train_quadratic = quadratic_featurizer.fit_transform(X_train)
X_test_quadratic = quadratic_featurizer.transform(X_test)
regressor_quadratic = LinearRegression()
regressor_quadratic.fit(X_train_quadratic, y_train)
xx_quadratic = quadratic_featurizer.transform(xx.reshape(xx.shape[0], 1))
plt.plot(xx, regressor_quadratic.predict(xx_quadratic), c='r', linestyle='--')
plt.title('Pizza price regressed on diameter')
plt.xlabel('Diameter in inches')
plt.ylabel('Price in dollars')
plt.axis([0, 25, 0, 25])
plt.grid(True)
plt.scatter(X_train, y_train)
plt.show()
print(X_train)
print(X_train_quadratic)
print(X_test)
print(X_test_quadratic)
print('Simple linear regression r-squared', regressor.score(X_test, y_test))
print('Quadratic regression r-squared',
    regressor_quadratic.score(X_test_quadratic, y_test))

# Out[1]:
```

```
[[6], [8], [10], [14], [18]]
[[  1.   6.   36.]
 [  1.   8.   64.]
 [  1.  10.  100.]
 [  1.  14.  196.]
 [  1.  18.  324.]]
[[6], [8], [11], [16]]
[[  1.   6.   36.]
 [  1.   8.   64.]
 [  1.  11.  121.]
 [  1.  16.  256.]]
('Simple linear regression r-squared', 0.80972679770766498)
('Quadratic regression r-squared', 0.86754436563450898)
```

如图 5.1 所示，简单线性回归模型使用实线表示，二元回归模型使用虚线表示，很明显二元回归模型更加拟合训练数据。

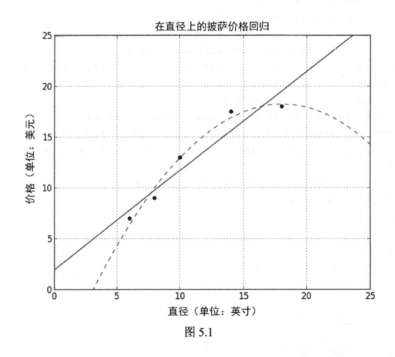

图 5.1

简单线性回归模型的决定系数是 0.81，二次回归模型的决定系数被提升到了 0.87。然而二次回归和三次回归最为常见，我们可以增加任何阶多项式。图 5.2 绘制出了二次回归模型和三次回归模型。

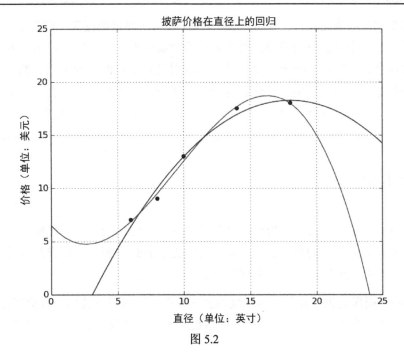

图 5.2

现在我们来尝试更高阶的多项式。图 5.3 绘制出了一个 9-阶多项式的回归曲线。

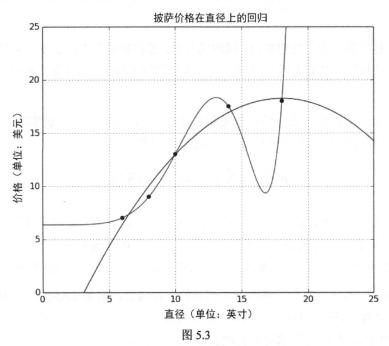

图 5.3

模型几乎完全准确地拟合了训练数据！然而，模型在测试数据集上的决定系数为–0.09。我们已经了解到一个及其复杂模型能够准确拟合训练数据，却不能逼近真实的关系，这个问题称为**过拟合**。模型应该导出一个由输入项映射到输出项的普遍关系，然而，模型已经对训练数据的输入和输出产生了记忆。这样的结果就是模型在测试集合上性能很差。这个模型预测一个 16 英寸的披萨价格少于 10 美元，然而一个 18 英寸的披萨价格却超过 30 美元。这个模型准确地拟合了训练数据，但是却没有能学习到尺寸和价格之间的真实关系。

## 5.3 正则化

正则化是一个能用于防止过拟合的技巧的集合。正则化为一个问题增加信息，通常是用一个对抗复杂度惩罚项的形式。奥卡姆剃刀理论说做最少假定的假设是最优的。正因如此，正则化想要找到最简单的模型来解释数据。

scikit-learn 类库提供了几个正则化线性回归模型。岭回归也被称之为**提克洛夫规范化**，可以惩罚变大的模型参数。岭回归通过增加系数的 $L^2$ 范数来修改 RSS 代价函数，如公式 5.8 所示：

$$RSS_{\text{ridge}} = \sum_{i=1}^{n}(y_i - x_i^{\text{T}}\beta)^2 + \lambda\sum_{j=1}^{p}\beta_j^2 \qquad （公式 5.8）$$

$\lambda$ 是一个控制惩罚力度的超参数。回顾第 3 章，超参数是模型控制学习算法如何学习的参数。随着 $\lambda$ 的增加，惩罚力度也增加，代价函数的值也增加。当 $\lambda$ 等于 0 时，岭回归等于线性回归。

scikit-learn 库也提供了**最小绝对收缩和选择算子（LASSO）**的一种实现。LASSO 算法通过对代价函数增加 $L^1$ 范数来惩罚系数，如公式 5.9 所示：

$$RSS_{\text{lasso}} = \sum_{i=1}^{n}(y_i - x_i^{\text{T}}\beta)^2 + \lambda\sum_{j=1}^{p}\left|\beta_j\right| \qquad （公式 5.9）$$

LASSO 回归产出系数的参数，大多数系数将变为 0，模型将依赖于特征的一个小型子集。与之相反，岭回归产出模型的大多数参数很小但都非 0。当解释变量相互关联时，LASSO 回归将一个变量的系数向 0 进行收缩，岭回归则将更一致地对系数进行收缩。

最后，scikit-learn 库提供了弹性网正则化的一种实现，它是 LASSO 回归的 $L^1$ 惩罚项和岭回归的 $L^2$ 惩罚项的线性组合。也就是说，LASSO 回归和岭回归都是弹性网方法的特殊形式，其中 $L^1$ 或者 $L^2$ 惩罚项对应的超参数分别等于 0。

# 5.4 应用线性回归

我们已经通过一个玩具问题学习了线性回归模型如何对解释变量和响应变量之间的关系进行建模。现在我们将使用一个真实数据集，并将线性回归运用到一个重要任务。假设你身处一个聚会中，并且希望喝到最好的酒。你可以向朋友寻求推荐，但是你怀疑他们可能会不顾酒的来源随便喝。幸运的是，你已经带了 pH 试纸和其他的工具来测试各种物理化学属性。但是毕竟这是一个聚会，这种做法并不实用，因而我们将使用机器学习基于酒本身的物理化学属性来预测酒的质量。

**加州大学机器学习库**的酒数据集包含了 1599 种不同红酒的 11 种物理化学属性，包括 pH 值和酒精含量。每种酒的质量由真人评价来打分。分数范围从 0～10，0 代表质量最差，10 代表质量最好。该数据集可以从 https://archive.ics.uci.edu/ml/datasets/Wine 下载。我们将把该问题作为一个回归任务来解决，并在一个或多个物理化学属性上回归酒的质量。在这个问题中响应变量只会取 0～10 之间的整数，我们可以将这些值视作离散值，并将该问题作为一个多类别分类问题来解决。然而在本章中，我们将假定这些评分都是连续的。

## 5.4.1 探索数据

训练数据包含以下解释变量：非挥发性酸、挥发性酸、柠檬酸、剩余糖分、氯化物、单体硫、总二氧化硫、密度、pH 值、硫酸盐和酒精含量。理解这些属性可以为设计模型提供一些见解，对设计成功的机器学习系统来说相关领域的专家通常很重要。对于这个例子，没有必要去解释这些物理化学属性对酒质量的影响，同时为了简单起见解释变量的单位将会被省略。让我们来检查训练数据的一个抽样，如表 5.5 所示。

表 5.5

| 非挥发性酸 | 挥发性酸 | 柠檬酸 | 剩余糖分 | 氯化物 | 单体硫 | 总二氧化硫 | 密度 | pH 值 | 硫酸盐 | 酒精含量 | 质量 |
|---|---|---|---|---|---|---|---|---|---|---|---|
| 7.4 | 0.7 | 0 | 1.9 | 0.076 | 11 | 34 | 0.9978 | 3.51 | 0.56 | 9.45 | 5 |
| 7.8 | 0.88 | 0 | 2.6 | 0.098 | 25 | 67 | 0.9968 | 3.2 | 0.68 | 9.8 | 5 |
| 7.8 | 0.76 | 0.04 | 2.3 | 0.092 | 15 | 54 | 0.997 | 3.26 | 0.65 | 9.8 | 5 |
| 11.2 | 0.28 | 0.56 | 1.9 | 0.075 | 17 | 60 | 0.998 | 3.16 | 0.58 | 9.8 | 6 |

scikit-learn 的目标是成为一个构建机器学习系统的工具，和它的包相比，其探索数据的能力相对较弱。我们将使用 pandas 这个为 Python 编写的数据分析类库来从数据中产出一些描述统计项目。我们将使用这些统计项目为模型形成一些设计决策。pandas 类库将 R 语

言的一些概念带入 Python 中，例如数据框这种二维的、扁平的、异构的数据结构。使用 pandas 进行数据分析本身就是几本书的主题，我们在后面的例子中只会使用一些基本方法。

首先，我们将加载数据集，并复习几个针对变量的基本概括统计量。数据位于一个 .csv 文件中。需要注意的是，数据项由分号而不是逗号隔开，如代码 5.5 所示。

**代码 5.5**

```
# In[1]:
import pandas as pd

df = pd.read_csv('./winequality-red.csv', sep=';')
df.describe()
```

```
# Out[1]:
```

| | fixed acidity | volatile acidity | citric acid | residual sugar | chlorides | free sulfur dioxide | total sulfur dioxide | density | pH | sulphates | alcohol | quality |
|---|---|---|---|---|---|---|---|---|---|---|---|---|
| count | 1599.000000 | 1599.000000 | 1599.000000 | 1599.000000 | 1599.000000 | 1599.000000 | 1599.000000 | 1599.000000 | 1599.000000 | 1599.000000 | 1599.000000 | 1599.000000 |
| mean | 8.319637 | 0.527821 | 0.270976 | 2.538806 | 0.087467 | 15.874922 | 46.467792 | 0.996747 | 3.311113 | 0.658149 | 10.422986 | 5.636023 |
| std | 1.741096 | 0.179060 | 0.194801 | 1.409928 | 0.047065 | 10.460157 | 32.895324 | 0.001887 | 0.154386 | 0.169507 | 1.065668 | 0.807569 |
| min | 4.600000 | 0.120000 | 0.000000 | 0.900000 | 0.012000 | 1.000000 | 6.000000 | 0.990070 | 2.740000 | 0.330000 | 8.400000 | 3.000000 |
| 25% | 7.10000 | 0.390000 | 0.090000 | 1.900000 | 0.070000 | 7.000000 | 22.000000 | 0.995600 | 3.210000 | 0.550000 | 9.500000 | 5.000000 |
| 50% | 7.900000 | 0.520000 | 0.260000 | 2.200000 | 0.079000 | 14.000000 | 38.000000 | 0.996750 | 3.310000 | 0.620000 | 10.200000 | 6.000000 |
| 75% | 9.200000 | 0.640000 | 0.420000 | 2.600000 | 0.090000 | 21.000000 | 62.000000 | 0.997835 | 3.400000 | 0.730000 | 11.100000 | 6.000000 |
| max | 15.900000 | 1.580000 | 1.000000 | 15.500000 | 0.611000 | 72.000000 | 289.000000 | 1.003690 | 4.010000 | 2.000000 | 14.900000 | 8.000000 |

pd.read_csv() 方法是一种能方便地将 .csv 文件加载到一个数据框中的方法。Dataframe.describe() 会计算数据框每一列的概括统计量。前面的代码示例仅仅展示了数据框最后 4 列的概括统计量。需要注意 quality 变量的概括，大多数酒的评分都是 5 或者 6。将数据进行可视化可以帮助我们发现响应变量和解释变量之间是否存在关系。我们使用 matplotlib 库来创建一些散点图，代码 5.6 将产出图 5.4。

**代码 5.6**

```
# In[2]:
import matplotlib.pylab as plt

plt.scatter(df['alcohol'], df['quality'])
plt.xlabel('Alcohol')
plt.ylabel('Quality')
plt.title('Alcohol Against Quality')
plt.show()
```

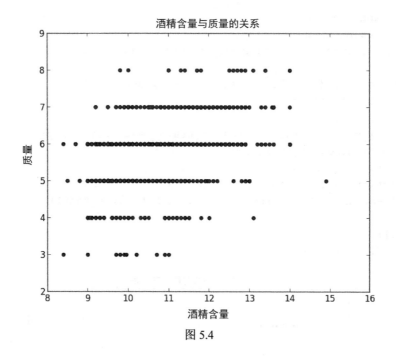

图 5.4

从图 5.4 散点图中可以看出，**酒精含量**和**质量**之间存在弱正相关关系，酒精含量高的酒通常质量也高。

图 5.5 表明**挥发性酸**和**质量**之间存在负相关关系。这些图都表明了响应变量依赖于多个解释变量，让我们使用多元线性回归来建模。那么如何决定哪些解释变量应该包含到模型中呢？`Dataframe.corr()`方法计算出一个相关系数矩阵，这个相关系数矩阵证明了酒精含量和质量之间有强烈的正相关关系，而挥发性酸这种能够让酒尝起来像醋的属性和质量之间存在强烈的负相关关系。总结起来，我们假设好酒应该有高酒精含量，同时尝起来不像醋。这个假设似乎是有道理的，尽管这可能表明葡萄酒爱好者可能没有品出那么多他们所宣称的复杂口感。

## 5.4.2  拟合和评估模型

现在我们将把数据分为训练数据和测试数据，训练回归器并评估它的预测能力，如代码 5.7 所示。

**代码 5.7**
```
# In[1]:
from sklearn.linear_model import LinearRegression
```

```
import pandas as pd
import matplotlib.pylab as plt
from sklearn.model_selection import train_test_split

df = pd.read_csv('./winequality-red.csv', sep=';')
X = df[list(df.columns)[:-1]]
y = df['quality']
X_train, X_test, y_train, y_test = train_test_split(X, y)
regressor = LinearRegression()
regressor.fit(X_train, y_train)
y_predictions = regressor.predict(X_test)
print('R-squared: %s' % regressor.score(X_test, y_test))

# Out[1]:
R-squared: 0.398550890379
```

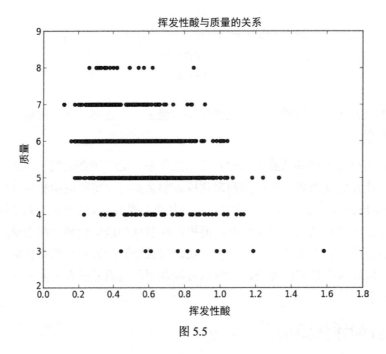

图 5.5

首先,我们使用 pandas 加载数据,并把响应变量和解释变量分割开。接着我们使用 traintestsplit 方法将数据随机分割成训练集和测试集。所有数据分割的比例可以通过关键字参数来指定。例如,25%的数据被指定为测试数据集。最后,我们训练模型,并在测试集上评估模型。决定系数是 0.35。如果另外一个 75%的数据被分割为训练集,性能将会有所改变。我们可以使用交叉验证来产出一个对预测器性能的更好的估计。回顾第 1

章中的内容，每一个交叉验证轮次将训练数据和测试数据设定为不同的数据分割以减少可变性，如代码 5.8 所示。

**代码 5.8**

```
# In[1]:
import pandas as pd
from sklearn.model_selection import cross_val_score
from sklearn.linear_model import LinearRegression

df = pd.read_csv('./winequality-red.csv', sep=';')
X = df[list(df.columns)[:-1]]
y = df['quality']
regressor = LinearRegression()
scores = cross_val_score(regressor, X, y, cv=5)
print(scores.mean())
print(scores)

# Out[1]:
0.290041628842
[ 0.13200871  0.31858135  0.34955348  0.369145    0.2809196 ]
```

crossvalscore 帮助函数允许我们轻松地使用提供的数据和估计器进行交叉验证。我们使用 cv 关键字参数指定进行 5 重交叉验证。也就是说，每个训练实例将会随机地分入 5 个分割中，每个分割将会被用于训练和测试模型。crossvalscore 函数返回每一轮的估计器得分方法值。决定系数的范围从 0.13～0.36，得分的均值 0.29 与单个训练/测试产出的决定系数相比，是对预测器预测能力更好的估计。

让我们来检查模型的几个预测，并将真实质量得分和预测得分一起画在图 5.6 中，如代码 5.9 所示。

**代码 5.9**

```
Predicted: 4.89907499467 True: 4
Predicted: 5.60701048317 True: 6
Predicted: 5.92154439575 True: 6
Predicted: 5.54405696963 True: 5
Predicted: 6.07869910663 True: 7
Predicted: 6.036656327 True: 6
Predicted: 6.43923020473 True: 7
Predicted: 5.80270760407 True: 6
Predicted: 5.92425033278 True: 5
Predicted: 5.31809822449 True: 6
Predicted: 6.34837585295 True: 6
```

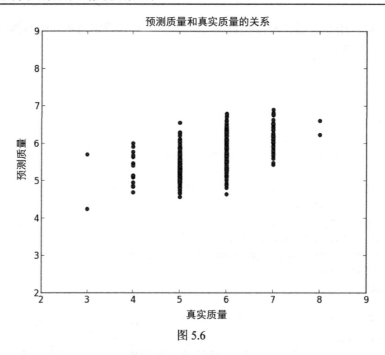

图 5.6

　　正如你所预期的，一些预测值能准确地匹配响应变量的真实值。由于训练数据中的大部分都是针对普通酒，该模型也能较好地预测普通酒的质量。

# 5.5　梯度下降法

　　在本章的例子中，我们使用公式 5.10 将代价函数极小化来解出模型的参数值：

$$\beta = (X^\mathrm{T} X)^{-1} X^\mathrm{T} X \qquad\qquad （公式 5.10）$$

　　回顾一下，$X$ 是每个训练实例的特征矩阵。$X^\mathrm{T} X$ 的点积结果是一个 $n \times n$ 的矩阵，其中 $n$ 是特征数量。对该方针求逆的计算复杂度接近于特征数量的 3 次方。尽管在本章的例子中特征数量很小，但是对那些我们将在后续章节中遇到的有成千上万解释变量的问题来说，求逆需要消耗大量的运算能力。另外，如果 $X^\mathrm{T} X$ 的行列式为 0，无法对其求逆。在本节中，我们将讨论另一种能有效估计模型参数最优值的方法，称为**梯度下降法**。注意我们对拟合优度的定义并没有改变，我们依然将使用梯度下降法来估计出能将代价函数极小化的模型参数值。

　　梯度下降法有时会被类比描述为一个蒙住眼睛的人试着从山腰上找到通往山谷最低点

的路。这个人看不见地势，但是她能够判断每一步的陡峭程度。首先她会向下降最快的方向走一步，接着同样在下降最快的方向上走另一步。她的每一步的跨度和当前位置地形的陡峭程度成比例。当地形很陡峭时她会走大步，因为她很确信她依然很接近山顶，并且她不会越过山谷的最低点。当地形变得不那么陡峭时她会走小步，如果她依然走大步，她有可能会迈过山谷的最低点。接着她需要改变方向再次向山谷的最低点前进。通过逐渐减少大步，她能够避免在山谷最低点周围来回行走。这个蒙着眼睛的人会继续行走，直到她的下一步无法降低高度，在这个点她就找到了山谷的底部。

规范地来说，梯度下降法是一种用于估计一个函数局部最小值的优化算法。回顾一下在我们的线性回归问题中我们使用了 RSS 代价函数，如公式 5.11 所示：

$$SS_{res} = \sum_{i=1}^{n} (y_i - f(x_i))^2 \tag{公式 5.11}$$

我们可以使用梯度下降法找到能够使一个包含许多变量的实值代价函数 $C$ 最小化的参数。梯度下降法通过在每一步计算代价函数的局部导数来反复更新参数。对于这个例子，我们假设 $C$ 是一个包含两个变量 $v_1$ 和 $v_2$ 的函数。为了使用梯度下降法求出 $C$ 的极小值，我们需要在变量上进行一个微小的变化来让输出结果产生微小的变化。继续我们蒙住眼睛的人的类比，她每次都需要往下降最快的方向上迈出一步以到达山谷。我们用 $\Delta v_1$ 表示在 $v_1$ 上的变化，用 $\Delta v_2$ 表示在 $v_2$ 上的变化。在 $v_1$ 方向上迈出一小步 $\Delta v_1$，同时在 $v_2$ 方向上迈出一小步 $\Delta v_2$ 会导致 $C$ 的值有一个很小的变化 $\Delta C$。更加正式的表示，我们可以用公式 5.12 来将 $C$ 的变化同 $v_1$ 和 $v_2$ 的变化联系起来：

$$\Delta C \approx \frac{\partial C}{\partial v_1} \Delta v_1 + \frac{\partial C}{\partial v_2} \Delta v_2 \tag{公式 5.12}$$

在公式 5.12 中，$\frac{\partial C}{\partial v_1}$ 是 $C$ 对于 $v_1$ 的偏微分。在每一步中，$\Delta C$ 应该为负值以减小代价函数。我们该如何选择 $\Delta v_1$ 和 $\Delta v_2$ 呢？为了方便，我们可以用向量形式表示 $\Delta v_1$ 和 $\Delta v_2$，如公式 5.13 所示：

$$\Delta v = (\Delta v_1, \Delta v_2)^{\mathrm{T}} \tag{公式 5.13}$$

我们也可以引入 $C$ 的梯度向量，如公式 5.14 所示：

$$\nabla C = \left( \frac{\partial C}{\partial v_1}, \frac{\partial C}{\partial v_2} \right)^{\mathrm{T}} \tag{公式 5.14}$$

因此我们可以将 $\Delta C$ 的计算公式重写为公式 5.15:

$$\Delta C = \nabla C \nabla v \qquad (\text{公式 5.15})$$

为了确保 $\Delta C$ 为负,我们可以设定 $\Delta v$ 为公式 5.16:

$$\Delta v = -\eta \nabla C \qquad (\text{公式 5.16})$$

我们将公式 5.15 中的 $\Delta v$ 用公式 5.16 进行替换以明确为什么 $C$ 一定为负,如公式 5.17 所示:

$$\Delta C = -\eta \nabla C \bullet \nabla C \qquad (\text{公式 5.17})$$

$\nabla C$ 的平方始终大于 0。我们为其乘以一个学习速度 $\eta$,并将乘积求反。在每一次迭代中,我们将计算 $C$ 的导数,并从我们的变量向量中减去 $\eta \nabla C$ 确保在下降最快的方向上迈出一步。

注意到梯度下降法是用来估计一个函数的局部最小值这一点是很重要的。凸代价函数有唯一最小值。如果 个实值函数图像上的两个点之间的线段在函数图像之上或者在函数图像上,则这个函数是凸函数。一个包含所有可能参数值的凸代价函数的三维图像看起来像一个碗,碗的最低点就是最小值。反之,非凸函数可以有很多局部最小值。非凸代价函数值的图像包含许多山峰和山谷。梯度下降法只能保证找到一个局部最小值,它将找到一个山谷,但是并不保证能找到最低的山谷。幸运的是,代价函数的平方残差和是凸的。

梯度下降法中的一个重要超参数是学习速率,它控制着蒙着眼睛的人每一步的大小。如果学习速率足够小,代价函数将会在每次迭代中减少直到梯度下降法收敛到最优参数值。然而,当学习速率下降时,梯度下降法收敛所需的时间会增加。如果蒙着眼睛的人每一步都很小,相比每一步都很大的情形,她将花费更长的时间到达山谷。如果学习速率很大,她将会在山谷的底部来回徘徊,也就是说,梯度下降法将会在参数最优值附近来回震荡而无法收敛。

梯度下降法根据每次训练迭代中用来更新模型参数的训练实例的数量不同,区分出 3 种变体。**批次梯度下降法**在每次迭代中使用全部训练实例来更新模型参数。相反,**随机梯度下降法**在每次迭代中仅仅使用一个训练实例来更新参数。训练实例的选择通常是随机的。这两种变体都可以看作**小批次随机梯度下降法**的特殊形式,它在每次迭代中总使用包含数量 $b$ 的小批次训练实例。

当拥有成百上千甚至更多的训练实例时,小批次随机梯度下降法或者随机梯度下降法是更好的选择,因为它们会比批次梯度下降法收敛更快。批次梯度下降法是一种确定性算法,对于相同的训练数据集将产出同样的参数值。作为一种随机算法,随机梯度下降法可以在每次运行时产出不同的参数估计。因为仅仅使用一个训练实例来更新权重，随机梯度下降法可能并不能求出代价函数以及梯度下降的极小值。它的预估通常是足够接近的，尤其是对于像平方残差和这样的凸函数。

让我们借助 scikit-learn 类库使用随机梯度下降法来估计一个模型的参数。SGDRegressor 类是随机梯度下降法的一种实现，它甚至能被用于包含成百上千甚至更多特征的回归问题中。它能够被用来优化不同的代价函数以拟合不同的模型，默认情况下，它会优化 RSS。在这个例子中，我们将使用 13 个特征来预测房屋价格，如代码 5.10 所示。

**代码 5.10**

```
# In[1]:
import numpy as np
from sklearn.datasets import load_boston
from sklearn.linear_model import SGDRegressor
from sklearn.model_selection import cross_val_score
from sklearn.preprocessing import StandardScaler
from sklearn.model_selection import train_test_split

data = load_boston()
X_train, X_test, y_train, y_test = train_test_split(data.data, data.target)
```

scikit-learn 类库提供了 loadboston 函数来方便地加载数据集。首先，我们使用 traintest_split 方法将数据分为训练集和测试集，同时将训练数据标准化。最后，我们拟合并评估估测器，如代码 5.11 所示。

**代码 5.11**

```
# In[2]:
X_scaler = StandardScaler()
y_scaler = StandardScaler()
X_train = X_scaler.fit_transform(X_train)
y_train = y_scaler.fit_transform(y_train.reshape(-1, 1))
X_test = X_scaler.transform(X_test)
y_test = y_scaler.transform(y_test.reshape(-1, 1))
regressor = SGDRegressor(loss='squared_loss')
scores = cross_val_score(regressor, X_train, y_train, cv=5)
print('Cross validation r-squared scores: %s' % scores)
print('Average cross validation r-squared score: %s' % np.mean(scores))
regressor.fit(X_train, y_train)
print('Test set r-squared score %s' % regressor.score(X_test, y_test))

# Out[2]:
```

```
Cross validation r-squared scores: [ 0.55323539  0.77067053  0.78551352
0.69416906  0.53274918]
Average cross validation r-squared score: 0.667267533715
Test set r-squared score 0.733718249165
```

## 5.6　小结

在本章中，我们介绍了多元线性回归，它是一种简单线性回归的泛化形式，它使用多个变量来预测一个响应变量的值。我们描述了多项式回归，它是一种可以使用多项式特征项来对非线性关系建模的线性模型。我们介绍了正则化的概念，它可以用于防止模型在训练数据中记忆噪声。最后，我们介绍了梯度下降法，它是一种能够预估使代价函数极小化的参数值的可扩展学习算法。

# 第6章
# 从线性回归到逻辑回归

在上一章中，我们讨论了简单线性回归、多元线性回归和多项式线性回归。这些模型都是**泛线性模型**，它是一种比普通线性回归需要更少假设的灵活框架的特殊形式。在本章中，我们将讨论其中一些假设，这些假设和另一种称为**逻辑回归**的泛线性模型的特殊形式相关联。

和我们之前讨论的回归模型不同，逻辑回归常用于分类任务。回顾一下，分类任务的目标是引入一个函数，该函数能将观测值映射到与之相关联的类或者标签。一个学习算法必须使用成对的特征向量和它们对应的标签来推导出能产出最佳分类器的映射函数的参数值，并使用一些性能指标来进行衡量。在二元分类问题中，分类器必须将实例分配到两个类中的一个类。在多元分类问题中，分类器必须将一组标签分配给每个实例。在本章内容中，我们将使用逻辑回归来解决几个分类问题，讨论分类任务的性能衡量方式，并运用一些我们在第 4 章中学到的特征提取技巧。

## 6.1 使用逻辑回归进行二元分类

普通的线性回归假设响应变量符合**正态分布**。正态分布或者**高斯分布**，是描述任何一个观测值对应一个位于两个实数之间值的概率的函数。正态分布数据是对称的，一半值大于均值，另一半数据小于均值。正态分布数据的均值、中位数和众数也相等。许多自然现象都近似于正态分布。例如，人的身高是正态分布的，大多数人有平均身高，少数人长得高，少数人长得矮。在一些问题中响应变量不符合正态分布。例如，投掷一次硬币会产生两个结果——正面朝上或者背面朝上。伯努利分布描述了一个只能取概率为 $P$ 的正向情况或者概率为 $1-P$ 的负向情况的随机变量的概率分布。如果响应变量代表一个概率，它只能被限制在[0,1]中。线性回归假设一个特征值的同等变化将造成响应变量上的同等变化，然而如果响应变量表示一个概率，则该假设不成立。泛化的线性模型通过使用一个连接函数将特征的线性组合和响应变量相关联来去除该假设。实际上，我们在第 2 章中已经使用了一个连接函数，普通的线性回归是泛化线性模型的一种特殊形式，它使用恒等函数将特征的线性组合连接到一个正态分布响应变量。我们可以使用一个不同的连接函数来连接特征的线性组合和一个非正态分布响应变量。

在逻辑回归中，响应变量描述了结果是正向情况的概率。如果响应变量等于或者超出了一个区分阈值，则被预测为正向类，否则将被预测为负向类。响应变量使用**逻辑函数**建模为一个特征的线性组合函数。如公式 6.1 所示，逻辑函数总是返回一个位于 0～1 之间的值：

$$F(t) = \frac{1}{1 + e^{-t}}$$ （公式 6.1）

在公式中，e 是一个称为**欧拉数**的常量。它是一个无理数，其开头的几位是 2.718。图 6.1 是逻辑函数在区间[−6,6]之间的图示。

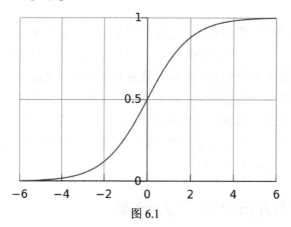

图 6.1

对于逻辑回归，$t$ 等于解释变量的线性组合，如公式 6.2 所示：

$$F(x) = \frac{1}{1 + e^{-(\beta_0 + \beta x)}}$$ （公式 6.2）

**效用**函数是逻辑函数的逆。它将 $F(x)$ 反连接到特征的一个线性组合，如公式 6.3 所示：

$$g(x) = \ln \frac{F(x)}{1 - F(x)} = \beta_0 + \beta x$$ （公式 6.3）

模型的参数值可以用许多学习算法来估计，包括梯度下降法。既然我们已经定义了逻辑回归的模型，让我们来将其运用于一个二元分类任务。

# 6.2 垃圾邮件过滤

我们的第一个任务是现代版的典型二元分类问题：垃圾邮件过滤。然而在我们的版本中，我们将分类垃圾短信和非垃圾短信，而不是邮件。我们将使用前面章节中学到的技巧，从信息中提取 **tf-idf** 特征，并使用逻辑回归对短信进行分类。我们将使用来自 **UCI 机器学习仓库** 中的 **垃圾信息数据集**，该数据集可以从 https://archive.ics.uci.edu/ml/datasets/ sms+spam+collection 下载。首先，让我们来探索该数据集，并使用 pandas 类库计算一些基本概括统计量，如代码 6.1 所示。

**代码 6.1**

```
# In[1]:
import pandas as pd
df = pd.read_csv('./SMSSpamCollection', delimiter='t', header=None)
print(df.head())

# Out[1]:
       0                                                        1
0   ham  Go until jurong point, crazy.. Available only ...
1   ham                      Ok lar... Joking wif u oni...
2  spam  Free entry in 2 a wkly comp to win FA Cup fina...
3   ham  U dun say so early hor... U c already then say...
4   ham  Nah I don't think he goes to usf, he lives aro...

# In[2]:
print('Number of spam messages: %s' % df[df[0] == 'spam'][0].count())
print('Number of ham messages: %s' % df[df[0] == 'ham'][0].count())

# Out[2]:
Number of spam messages: 747
Number of ham messages: 4825
```

数据集的每一行由一个二元标签和一个文本信息组成。该数据集包含 5574 个实例，其中 4827 条信息是非垃圾短信，剩余的 747 条信息是垃圾短信。显然，正向的输出经常被赋值为 1，负向输出经常被赋值为 0，但事实上赋值是随机的。观察数据也许能透露其他应该被模型捕获的属性。以下的信息集合描述了垃圾短信和非垃圾短信的基本特征。

**垃圾短信**：Free entry in 2 a wkly comp to win FA Cup final tkts 21st May 2005. Text FA to

87121 to receive entry question(std txt rate)T&C's apply 08452810075over18's

垃圾短信：WINNER!! As a valued network customer you have been selected to receivea £900 prize reward! To claim call 09061701461. Claim code KL341. Valid 12 hours only.

非垃圾短信：Sorry my roommates took forever, it ok if I come by now?

非垃圾短信：Finished class where are you.

让我们使用 scikit-learn 类库的 LogisticRegression 类来进行一些预测。首先，我们将数据集分为训练集和测试集。默认情况下，traintestsplit 将 75%的样本分为训练集，将剩余的 25%的样本分为测试集。接着，我们创建一个 TfidfVectorizer 实例。回顾第 4 章的内容，Tfidfvectorizer 类包含 CountVectorizer 和 TfidfTransformer 类。我们使用训练信息文本去拟合它，同时将训练文本和测试文本都进行转换。最后，我们创建一个 LogisticRegression 实例并训练一个模型。和 LinearRegression 类一样，LogisticRegression 类也实现了 fit 和 predict 方法。作为完整性检查，我们将一些人工检验的预测结果打印出来，如代码 6.2 所示。

**代码 6.2**

```
# In[3]:
import numpy as np
import pandas as pd
from sklearn.feature_extraction.text import TfidfVectorizer
from sklearn.linear_model.logistic import LogisticRegression
from sklearn.model_selection import train_test_split, cross_val_score

X = df[1].values
y = df[0].values
X_train_raw, X_test_raw, y_train, y_test = train_test_split(X, y)
vectorizer = TfidfVectorizer()
X_train = vectorizer.fit_transform(X_train_raw)
X_test = vectorizer.transform(X_test_raw)
classifier = LogisticRegression()
classifier.fit(X_train, y_train)
predictions = classifier.predict(X_test)
for i, prediction in enumerate(predictions[:5]):
    print('Predicted: %s, message: %s' % (prediction,
        X_test_raw[i]))

# Out[3]:
Predicted: ham, message: Now thats going to ruin your thesis!
Predicted: ham, message: Ok...
```

```
Predicted: ham, message: Its a part of checking IQ
Predicted: spam, message: Ringtone Club: Gr8 new polys direct to your
mobile every week !
Predicted: ham, message: Talk sexy!! Make new friends or fall in love in
the worlds most discreet text dating service. Just text VIP to 83110 and
see who you could meet.
```

分类器性能如何呢？我们在线性回归中使用的性能指标在该任务中不太适用，我们仅仅关注预测的类是否正确，以及预测结果离决策边界有多远。在下一节内容中，我们将讨论可以被用于评估二元分类器的性能指标。

## 6.2.1　二元分类性能指标

许多指标能基于可信标签对二元分类器的性能进行衡量。最常用的指标是准确率、精准率、召回率、F1 值以及 ROC AUC 得分。所有这些衡量方式都是基于真阳性、真阴性、假阳性和假阴性的概念。阳性和阴性用来指代类。真和假用来标示预测的类和真实的类是否相同。

对于我们的垃圾短信分类器，当分类器将一条短信正确地预测为垃圾短信时为真阳性。当分类器将一条短信正确地预测为非垃圾短信时为真阴性。当非垃圾短信被预测为垃圾短信时为假阳性，当垃圾短信被预测为非垃圾短信时为假阴性。一个**混淆矩阵**或者列联表，可以用来对真假阴阳性可视化。矩阵的行是实例的真实类，矩阵的列是实例的预测类，如代码 6.3 所示。

**代码 6.3**
```
# In[4]:
from sklearn.metrics import confusion_matrix
import matplotlib.pyplot as plt

y_test = [0, 0, 0, 0, 0, 1, 1, 1, 1, 1]
y_pred = [0, 1, 0, 0, 0, 0, 0, 1, 1, 1]
confusion_matrix = confusion_matrix(y_test, y_pred)
print(confusion_matrix)
plt.matshow(confusion_matrix)
plt.title('Confusion matrix')
plt.colorbar()
plt.ylabel('True label')
plt.xlabel('Predicted label')
plt.show()

# Out[4]:
```

```
[[4 1]
 [2 3]]
```

如图 6.2 所示，**混淆矩阵**标明有 4 个真阴性预测、3 个真阳性预测、2 个假阴性预测，和 1 个假阳性预测。在多类别问题中很难去决定出现错误最多的类型，此时混淆矩阵变得非常有用。

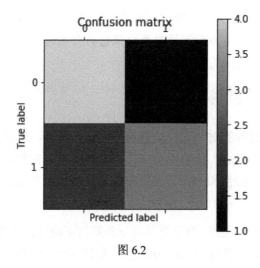

图 6.2

## 6.2.2　准确率

回顾一下，准确率用来衡量分类器预测正确的比例。LogisticRegression.score 方法使用准确率来给一个测试集的标签进行预测和打分。如代码 6.4 所示，让我们来评估分类器的准确率。

**代码 6.4**

```
# In[1]:
import numpy as np
import pandas as pd
from sklearn.feature_extraction.text import TfidfVectorizer
from sklearn.linear_model.logistic import LogisticRegression
from sklearn.model_selection import train_test_split, cross_val_score
from sklearn.metrics import roc_curve, auc
import matplotlib.pyplot as plt

df = pd.read_csv('./sms.csv')
X_train_raw, X_test_raw, y_train, y_test =
  train_test_split(df['message'],
```

```
    df['label'], random_state=11)
vectorizer = TfidfVectorizer()
X_train = vectorizer.fit_transform(X_train_raw)
X_test = vectorizer.transform(X_test_raw)
classifier = LogisticRegression()
classifier.fit(X_train, y_train)
scores = cross_val_score(classifier, X_train, y_train, cv=5)
print('Accuracies: %s' % scores)
print('Mean accuracy: %s' % np.mean(scores))

# Out[1]:
Accuracies: [ 0.95221027  0.95454545  0.96172249  0.96052632  0.95209581]
Mean accuracy: 0.956220068309
```

虽然准确率衡量了分类器的整体正确性，它并不能区分假阳性错误和假阴性错误。比起假阴性错误，一些应用可能对假阳性错误更敏感，或者反之。另外，如果类别的比例在总样本中呈偏态分布，准确率并不是一个很有效的衡量指标。例如，比起假阳性，一个用来预测信用卡交易是否是欺诈的分类器对假阴性更加敏感。为了提升顾客的满意度，信用卡公司更愿意冒险验证交易是否合法，而非冒险去忽略一个欺诈交易。因为大多数的交易是合法的，对于该问题可以说准确率并不是一种有效的衡量指标。一个总是会预测交易为合法的分类器的准确率很高，但是可能并不是很有用。基于这些原因，分类器经常使用精准率和召回率来进行衡量。

## 6.2.3 精准率和召回率

回顾一下，精准率是阳性预测结果为正确的比例。在我们的垃圾短信分类器中，精准率表示被分类为垃圾短信的短信实际上为垃圾短信的比例。召回率表示真实的阳性实例被分类器辨认出的比例，在医学领域有时也被称为敏感性。召回率为 1 表示分类器没有做出任何假阴性预测。对于我们的垃圾短信分类器来说，召回率是真实的垃圾短信被分类为垃圾短信的比例。

单独来看，精准率和召回率并没有意义，它们都是关于分类器性能的不完整视角。精准率和召回率都无法区分性能良好的分类器和性能很差的特定种类的分类器。一个普通的分类器可以通过把每一个实例都预测为阳性来达到完美的召回率。例如，假设一个测试集包含 10 个阳性实例和 10 个阴性实例。一个分类器如果将每一个实例都预测为阳性，召回率将达到 1。一个分类器如果将所有实例都预测为阴性，或者只做假阳性和真阴性预测，召回率将为 0。类似的，一个分类器如果只预测一个实例为阳性，而该预测恰好正确，分类器将达到完美的精准率。如代码 6.5 所示，我们来计算垃圾短信分类器的精准率和召回率。

**代码 6.5**

```
# In[2]:
precisions = cross_val_score(classifier, X_train, y_train, cv=5,
    scoring='precision')
print('Precision: %s' % np.mean(precisions))
recalls = cross_val_score(classifier, X_train, y_train, cv=5,
    scoring='recall')
print('Recall: %s' % np.mean(recalls))

# Out[2]:
Precision: 0.992542742398
Recall: 0.683605030275
```

我们的分类器的精准率为 0.992，几乎所有被预测为垃圾短信的信息实际上都是垃圾短信。它的召回率很低，这表明有接近 32% 的垃圾短信被预测为非垃圾短信。

## 6.2.4　计算 F1 值

F1 值是精准率和召回率的调和平均值。F1 值会对精准率和召回率不平衡的分类器进行惩罚，例如总是预测阳性类的普通分类器。一个达到完美精准率和召回率模型的 F1 得分为 1。一个达到完美精准率，而召回率为 0 的模型的 F1 得分为 0。如代码 6.6 所示，我们来计算分类器的 F1 得分。

**代码 6.6**

```
# In[3]:
f1s = cross_val_score(classifier, X_train, y_train, cv=5,
    scoring='f1')
print('F1 score: %s' % np.mean(f1s))

# Out[3]:
F1 score: 0.809067846627
```

模型有时会使用 F0.5 得分和 F2 得分来衡量性能，两种得分分别偏向精准率和召回率。

## 6.2.5　ROC AUC

**受试者操作特征（ROC）**曲线，可以对一个分类器的性能进行可视化。和准确率不同，ROC 曲线对类别分布不平衡的数据集不敏感。和精准率、召回率不同，ROC 曲线表明了分类器对所有阈值的性能。ROC 曲线描绘了分类器召回率和**衰退**之间的关系。**衰退**或者假阳性率，是假阳性数量除以所有阴性数量的值，其定义如公式 6.4 所示：

$$F = \frac{FP}{TN + FP} \qquad （公式 6.4）$$

AUC 是 ROC 曲线以下部分的面积，它将 ROC 曲线归纳为一个用来标示分类器预计性能的值。图 6.3 中虚线表示一个分类器对类随机进行预测，它的 AUC 值为 **0.5**。实曲线表示一个性能优于随机猜测的分类器。

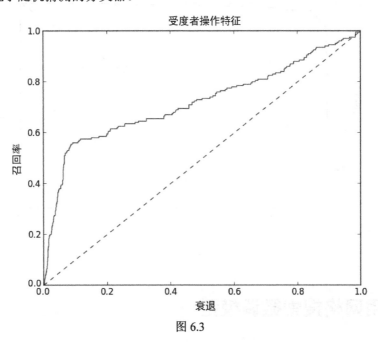

图 6.3

让我们来绘制垃圾短信分类器的 ROC 曲线，如代码 6.7 所示。

**代码 6.7**

```
# In[5]:
predictions = classifier.predict_proba(X_test)
false_positive_rate, recall, thresholds = roc_curve(y_test,
  predictions[:, 1])
roc_auc = auc(false_positive_rate, recall)
plt.title('Receiver Operating Characteristic')
plt.plot(false_positive_rate, recall, 'b', label='AUC = %0.2f' %
  roc_auc)
plt.legend(loc='lower right')
plt.plot([0, 1], [0, 1], 'r--')
plt.xlim([0.0, 1.0])
plt.ylim([0.0, 1.0])
plt.ylabel('Recall')
```

```
plt.xlabel('Fall-out')
plt.show()
```

从图 6.4 中可以明显地看到分类器性能是优于随机猜测的，图中几乎所有的区域都位于曲线下方。

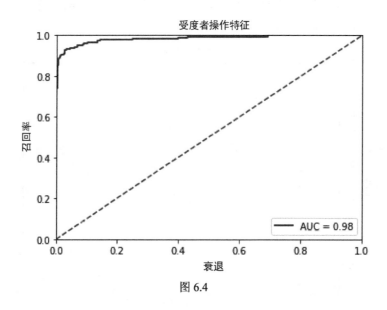

图 6.4

# 6.3    使用网格搜索微调模型

回顾第 3 章的内容，模型的超参数是学习算法无法估计的参数。例如，我们的逻辑回归短信分类器的超参数包括正则项的值和用于移除出现频率过高或者过低的单词的临界值。在 scikit-learn 类库中，超参数通过估计器和转换器的构造函数设置。在前面的例子中，我们没有设置 LogisticRegression 类的任何参数，对于所有超参数我们都使用了默认值。这些默认值通常会是一个良好的开端，但它们并不会产出最优模型。**网格搜索**是一种选择能产出最优模型的超参数值的常用方法。网格搜索接受一个包含所有应该被微调的超参数的可能取值集合，并评估在该集合的笛卡尔乘积的每一个元素上训练的模型的性能。也就是说，网格搜索是一种穷举搜索，它在指定超参数值的每一种可能的组合上对模型进行训练和评估。网格搜索的一个缺点是，即使对于小型超参数集都会耗费大量的算力。幸运的是，它是一个并行问题，由于进程之间没有同步阻塞，多个模型可以并发地训练和评估。让我们使用 scikit-learn 类库的 GridSearchCV 类来找出较好的超参数值。GridSearchCV 类接受一个估计器、一个参数空间和一个性能衡量指标。njobs 参数标明了并发工作的最大数量，将 njobs 设置为–1 标明使用所有的 CPU 核。需要注意的是，为了生成额外的进程，fit 方法必须在 Python 的主模块中调用，如代码 6.8 所示。

**代码 6.8**

```
# In[1]:
import pandas as pd
from sklearn.preprocessing import LabelEncoder
from sklearn.feature_extraction.text import TfidfVectorizer
from sklearn.linear_model.logistic import LogisticRegression
from sklearn.grid_search import GridSearchCV
from sklearn.pipeline import Pipeline
from sklearn.model_selection import train_test_split
from sklearn.metrics import precision_score, recall_score,
  accuracy_score

pipeline = Pipeline([
    ('vect', TfidfVectorizer(stop_words='english')),
    ('clf', LogisticRegression())
])
parameters = {
    'vect__max_df': (0.25, 0.5, 0.75),
    'vect__stop_words': ('english', None),
    'vect__max_features': (2500, 5000, 10000, None),
    'vect__ngram_range': ((1, 1), (1, 2)),
    'vect__use_idf': (True, False),
    'vect__norm': ('l1', 'l2'),
    'clf__penalty': ('l1', 'l2'),
    'clf__C': (0.01, 0.1, 1, 10),
}

df = pd.read_csv('./SMSSpamCollection', delimiter='t',
  header=None)
X = df[1].values
y = df[0].values
label_encoder = LabelEncoder()
y = label_encoder.fit_transform(y)
X_train, X_test, y_train, y_test = train_test_split(X, y)

grid_search = GridSearchCV(pipeline, parameters, n_jobs=-1,
  verbose=1, scoring='accuracy', cv=3)
grid_search.fit(X_train, y_train)
print('Best score: %0.3f' % grid_search.best_score_)
print('Best parameters set:')
```

```
best_parameters = grid_search.best_estimator_.get_params()
for param_name in sorted(parameters.keys()):
    print('t%s: %r' % (param_name, best_parameters[param_name]))
    predictions = grid_search.predict(X_test)
    print('Accuracy:', accuracy_score(y_test, predictions))
    print('Precision:', precision_score(y_test, predictions))
    print('Recall:', recall_score(y_test, predictions))

# Out[1]:
Fitting 3 folds for each of 576 candidates, totalling 1728
fits[Parallel(n_jobs=-1)]: Done   42 tasks      | elapsed:    4.5s
[Parallel(n_jobs=-1)]: Done  192 tasks      | elapsed:   23.5s
[Parallel(n_jobs=-1)]: Done  442 tasks      | elapsed:   57.2s
[Parallel(n_jobs=-1)]: Done  792 tasks      | elapsed:    1.8min
[Parallel(n_jobs=-1)]: Done 1242 tasks      | elapsed:    2.9min
[Parallel(n_jobs=-1)]: Done 1728 out of 1728 | elapsed:   6.0min finished
Best score: 0.983
Best parameters set:
    clf__C: 10
        clf__penalty: 'l2'
        vect__max_df: 0.25
        vect__max_features: 5000
    vect__ngram_range: (1, 2)
    vect__stop_words: None
        vect__use_idf: True
Accuracy: 0.983488872936
Precision: 0.99375
Recall: 0.878453038674
```

对超参数值进行优化提高了模型在测试集上的召回率。

# 6.4 多类别分类

在前几节内容中，我们学习了使用逻辑回归进行二元分类。然而，在许多分类问题中，类别常常多于两类。我们也许希望从音频的采样预测歌曲的分类，或者通过星系图片对星系的种类进行分类。多类别分类问题的目标是将一个实例分配到类集合中的某一个。scikit-learn 类库使用一种称为**一对全**或者**一对剩余**的策略，来支持多类别分类。**一对全分**类对每一个可能的类使用一个二元分类器。实例会被分配到被预测为最有可能的类。LogisticRegression 类本身就能使用一对全策略支持多类别分类。让我们使用 LogisticRegression 类来处理一个多类别分类问题。

假设你想要观看一部电影，但是你对烂片有一种强烈的厌恶感。为了帮助你做决定，你可以阅读待选电影的评论，但不幸的是你不喜欢阅读影评。那就让我们使用 scikit-learn 类库来找出评论较好的电影。

在这个例子中，我们将对取自烂番茄数据库中影评的情绪短语进行分类。每一个短语将被分类为以下几种情绪：负向、略负向、中立、略正向、正向。虽然类别已经排好序，但是由于讽刺、否认和其他语言现象的存在，我们将使用的解释变量并不总是能印证该次序。相反，我们将该问题看作一个多类别分类问题。数据可以从 https://www.kaggle.com/c/sentiment-analysis-on-movie-reviews/data 进行下载。首先，我们使用 pandas 类库来探索该数据集。数据集的列使用制表符分隔。数据集包含 156060 个实例，如代码 6.9 所示。

**代码 6.9**

```
# In[1]:
import pandas as pd
df = pd.read_csv('./train.tsv', header=0, delimiter='t')
print(df.count())

# Out[1]:
PhraseId      156060
SentenceId    156060
Phrase        156060
Sentiment     156060
dtype: int64

# In[2]:
print(df.head())

# Out[2]:
   PhraseId  SentenceId                                             Phrase
0         1           1  A series of escapades demonstrating the adage ...
1         2           1  A series of escapades demonstrating the adage ...
2         3           1                                           A series
3         4           1                                                  A
4         5           1                                             series

   Sentiment
0          1
1          2
2          2
3          2
4          2
```

Sentiment 列包含响应变量。标签 0 对应情绪负向，1 对应略负向，以此类推。Phrase 列包含原始文本。来自电影评论的每一个句子已经被解析为短语。在这个例子中，我们不需要 PharaseId 列和 SenrenceId 列。让我们打印出一些短语并对其进行检验，如代码 6.10 所示。

**代码 6.10**

```
# In[3]:
print(df['Phrase'].head(10))

# Out[3]:
0    A series of escapades demonstrating the adage ...
1    A series of escapades demonstrating the adage ...
2                                            A series
3                                                   A
4                                              series
5    of escapades demonstrating the adage that what...
6                                                  of
7    escapades demonstrating the adage that what is...
8                                           escapades
9    demonstrating the adage that what is good for ...
Name: Phrase, dtype: object
```

现在让我们来检验目标类，如代码 6.11 所示。

**代码 6.11**

```
# In[4]:
print(df['Sentiment'].describe())

# Out[4]:
count    156060.000000
mean          2.063578
std           0.893832
min           0.000000
25%           2.000000
50%           2.000000
75%           3.000000
max           4.000000
Name: Sentiment, dtype: float64

# In[5]:
print(df['Sentiment'].value_counts())

# Out[5]:
2    79582
```

```
3     32927
1     27273
4      9206
0      7072
Name: Sentiment, dtype: int64

# In[6]:
print(df['Sentiment'].value_counts()/df['Sentiment'].count())

# Out[6]:
2     0.509945
3     0.210989
1     0.174760
4     0.058990
0     0.045316
Name: Sentiment, dtype: float64
```

最常见的中立类 Neutral 包含超过 50%的实例。如果一个很差的分类器将所有实例都预测为中立类 Neutral，准确率将接近 0.5，因此对于该问题准确率并不是一个很有效的性能衡量方式。接近四分之一的影评是正向或者略正向，接近五分之一的影评是负向或者略负向。让我们使用 scikit-learn 类库训练一个分类器，如代码 6.12 所示。

**代码 6.12**
```
# In[7]:
from sklearn.feature_extraction.text import TfidfVectorizer
from sklearn.linear_model.logistic import LogisticRegression
from sklearn.model_selection import train_test_split
from sklearn.metrics import classification_report, accuracy_score,
  confusion_matrix
from sklearn.pipeline import Pipeline
from sklearn.model_selection import GridSearchCV

df = pd.read_csv('./train.tsv', header=0, delimiter='t')
X, y = df['Phrase'], df['Sentiment'].as_matrix()
X_train, X_test, y_train, y_test = train_test_split(X, y,
  train_size=0.5)
grid_search = main(X_train, y_train)
pipeline = Pipeline([
    ('vect', TfidfVectorizer(stop_words='english')),
    ('clf', LogisticRegression())
])
parameters = {
    'vect__max_df': (0.25, 0.5),
```

```
            'vect__ngram_range': ((1, 1), (1, 2)),
            'vect__use_idf': (True, False),
            'clf__C': (0.1, 1, 10),
}
grid_search = GridSearchCV(pipeline, parameters, n_jobs=-1,
    verbose=1, scoring='accuracy')
grid_search.fit(X_train, y_train)
print('Best score: %0.3f' % grid_search.best_score_)
print('Best parameters set:')
best_parameters = grid_search.best_estimator_.get_params()
for param_name in sorted(parameters.keys()):
 print('t%s: %r' % (param_name, best_parameters[param_name]))

# Out[7]:
Fitting 3 folds for each of 24 candidates, totalling 72 fits
[Parallel(n_jobs=-1)]: Done  42 tasks     | elapsed:  1.6min
[Parallel(n_jobs=-1)]: Done  72 out of  72 | elapsed:  3.5min finished
Best score: 0.621
Best parameters set:
tclf__C: 10
tvect__max_df: 0.25
tvect__ngram_range: (1, 2)
tvect__use_idf: False
```

## 多类别分类性能衡量指标

和二元分类一样，混淆矩阵对于可视化分类器的错误非常有用。精准率、召回率和 F1 分数也可以针对每个类别进行计算，对于所有预测的准确率也会被计算。我们来评估分类器的预测情况，如代码 6.13 所示。

### 代码 6.13
```
# In[8]:
predictions = grid_search.predict(X_test)
print('Accuracy: %s' % accuracy_score(y_test, predictions))
print('Confusion Matrix:')
print(confusion_matrix(y_test, predictions))
print('Classification Report:')
print(classification_report(y_test, predictions))

# Out[8]:
Accuracy: 0.636255286428
Confusion Matrix:
```

```
[[ 1124  1725   628    65    10]
 [  923  6049  6132   583    34]
 [  197  3131 32658  3640   137]
 [   15   398  6530  8234  1301]
 [    3    43   530  2358  1582]]
Classification Report:
             precision    recall  f1-score   support

         0       0.50      0.32      0.39      3552
         1       0.53      0.44      0.48     13721
         2       0.70      0.82      0.76     39763
         3       0.55      0.50      0.53     16478
         4       0.52      0.35      0.42      4516

avg / total       0.62      0.64      0.62     78030
```

首先我们使用网格搜索中发现的最优参数集进行预测。虽然分类器比起基线分类器来说性能有所提升，但是它经常会将略正向类和略负向类错误地预测为中立类 Neutral。

# 6.5 多标签分类和问题转换

在前面几节中，我们讨论了二元分类，其中每个实例必须分配给两个类中的一个类以及多类别分类，其中每个实例必须分配给一个类集合中的一个类。我们将讨论的最后一种分类问题是**多标签分类**，其中每个实例可以被分配给类别集合的一个子集。多标签分类的例子包括给论坛中的消息分配标签以及对一张图片中的物体进行分类。对于多标签分类问题，有两类解决方法。

**问题转换**方法是一种将原多标签问题转换为一系列单标签分类问题的技巧。我们将审阅的第一种问题转换方法是将训练数据中出现的每个标签集转换为单个标签。例如，考虑一个将新闻文章分类为一个集合中的一个或多个类别的多标签分类问题。表 6.1 中的训练数据包含 7 篇属于 5 个类别中的一个或多个类别。

表 6.1

| 实例 | 本地新闻 | 美国新闻 | 商业新闻 | 科技新闻 | 体育新闻 |
|---|---|---|---|---|---|
| 1 | √ | √ | | | |
| 2 | √ | | √ | | |
| 3 | | | √ | √ | |
| 4 | | | | | √ |

续表

| 实例 | 本地新闻 | 美国新闻 | 商业新闻 | 科技新闻 | 体育新闻 |
|---|---|---|---|---|---|
| 5 | √ | | | | |
| 6 | | | √ | | |
| 7 | | √ | | √ | |

使用训练数据标签的幂集将该问题转换为单标签分类任务，可以得到表 6.2 中的训练数据。在表 6.1 中，第一个实例被分类为本地新闻和美国新闻，而现在它只有一个标签：本地新闻^美国新闻。

表 6.2

| 实例 | 本地新闻 | 本地新闻^美国新闻 | 商业新闻 | 本地新闻^商业新闻 | 美国新闻^科技新闻 | 商业新闻^科技新闻 | 体育新闻 |
|---|---|---|---|---|---|---|---|
| 1 | | √ | | | | | |
| 2 | | | | √ | | | |
| 3 | | | | | | √ | |
| 4 | | | | | | | √ |
| 5 | √ | | | | | | |
| 6 | | | √ | | | | |
| 7 | | | | | √ | | |

包含 5 个类的多标签分类问题现在是一个包含 7 个类的多类别分类问题。虽然将问题进行幂集转换非常直观，增加类的数量通常却不具有可行性。该转换即使对很少的几个训练实例也会产出很多新标签。另外，训练的分类器只能预测训练数据中包含的标签组合。

第二种问题转换策略是对训练集中的每一个标签训练一个二元分类器。每一个分类器预测实例是否属于某个标签。针对我们的例子需要 5 个二元分类器，第一个二元分类器将预测一个实例是否被分类为本地新闻，第二个二元分类器将预测一个实例是否被分类为美国新闻，以此类推。最终的预测结果是所有二元分类器预测结果的聚合。转换后的训练数据如表 6.3～表 6.7 所示。这种问题转换方法确保了单标签问题和多标签问题都拥有相同数量的训练实例，但是却忽略了标签之间的关系。

表 6.3

| 实　　例 | 本　地　新　闻 | 非本地新闻 |
|---|---|---|
| 1 | √ | |
| 2 | √ | |

续表

| 实　例 | 本　地　新　闻 | 非本地新闻 |
|:---:|:---:|:---:|
| 3 | | √ |
| 4 | | √ |
| 5 | √ | |
| 6 | | √ |
| 7 | | √ |

表 6.4

| 实　例 | 商　业　新　闻 | 非商业新闻 |
|:---:|:---:|:---:|
| 1 | | √ |
| 2 | √ | |
| 3 | √ | |
| 4 | | √ |
| 5 | | √ |
| 6 | √ | |
| 7 | | √ |

表 6.5

| 实　例 | 科　技　新　闻 | 非科技新闻 |
|:---:|:---:|:---:|
| 1 | | √ |
| 2 | | √ |
| 3 | √ | |
| 4 | | √ |
| 5 | | √ |
| 6 | | √ |
| 7 | √ | |

表 6.6

| 实　例 | 体　育　新　闻 | 非体育新闻 |
|:---:|:---:|:---:|
| 1 | | √ |
| 2 | | √ |
| 3 | | √ |
| 4 | √ | |
| 5 | | √ |
| 6 | | √ |
| 7 | | √ |

**表 6.7**

| 实　　例 | 美 国 新 闻 | 非美国新闻 |
|:---:|:---:|:---:|
| 1 | √ | |
| 2 | √ | |
| 3 | | √ |
| 4 | | √ |
| 5 | | √ |
| 6 | | √ |
| 7 | √ | |

## 多标签分类性能衡量指标

多标签分类问题必须使用不同于单标签分类问题的性能衡量指标。两个最常见的性能衡量指标分别是**汉明损失**和**杰卡德相似系数**。汉明损失是不正确标签的平均比例。如代码 6.14 所示，需要注意的是，汉明损失是一种损失函数，其完美得分是 0。杰卡德相似系数也被称为杰卡德指数，是预测标签和真实标签交集的数量除以预测标签和真实标签并集的数量，取值范围 0～1，1 是完美得分。杰卡德相似系数的计算公式如公式 6.5 所示：

$$J(Predicted, True) = \frac{|Predicted \cap True|}{|Predicted \cup True|} \qquad （公式 6.5）$$

**代码 6.14**

```
# In[1]:
import numpy as np
from sklearn.metrics import hamming_loss, jaccard_similarity_score

print(hamming_loss(np.array([[0.0, 1.0], [1.0, 1.0]]),
  np.array([[0.0, 1.0],
  [1.0, 1.0]])))

# Out[1]:
0.0

# In[2]:
print(hamming_loss(np.array([[0.0, 1.0], [1.0, 1.0]]),
  np.array([[1.0, 1.0],
  [1.0, 1.0]])))

# Out[2]:
0.25
```

```
# In[3]:
print(hamming_loss(np.array([[0.0, 1.0], [1.0, 1.0]]),
  np.array([[1.0, 1.0],
  [0.0, 1.0]])))

# Out[3]:
0.5

# In[4]:
print(jaccard_similarity_score(np.array([[0.0, 1.0], [1.0, 1.0]]),
  np.array([[0.0, 1.0], [1.0, 1.0]])))

# Out[4]:
1.0

# In[5]:
print(jaccard_similarity_score(np.array([[0.0, 1.0], [1.0, 1.0]]),
  np.array([[1.0, 1.0], [1.0, 1.0]])))

# Out[5]:
0.75

# In[6]:
print(jaccard_similarity_score(np.array([[0.0, 1.0], [1.0, 1.0]]),
  np.array([[1.0, 1.0], [0.0, 1.0]])))

# Out[6]:
0.5
```

## 6.6  小结

在本章中，我们讨论了泛化的线性模型，它们扩展了普通线性回归来支持非正态分布响应变量。泛化的线性模型使用一个连接函数来联系解释变量的线性组合和响应变量。和一般线性回归不同，其模型关系并不一定是线性的。特别地，我们检验了逻辑连接函数，它是一个 S 形函数，给定任何实数值它都会返回一个 0～1 之间的值。

我们讨论了逻辑回归，它是一种使用逻辑连接函数来联系解释变量和一个伯努利分布的响应变量的泛化线性模型。逻辑回归可以用于二元分类，它是一种每个实例必须分配给两个类中的一个类的任务。我们使用逻辑回归来对垃圾短信和非垃圾短信进行分类。接着，我们讨论了多类别分类任务，它是一种每个实例必须分配给一个标签集中的一个标签的任务。我们使用"一对全"策略对影评的情绪进行分类。最后，我们讨论了多标签分类，其中的每个实例都必须分配给一个标签集中的一个子集。

# 第 7 章
# 朴素贝叶斯

在前面的章节中，我们介绍了用于分类任务的两种模型：**K-近邻算法（KNN）**和逻辑回归。在本章中，我们将介绍分类算法的另一个成员——朴素贝叶斯。其名字来源于贝叶斯定理和一个朴素的假设：所有的特征都相互条件独立于其他给定的响应变量。朴素贝叶斯是我们将要讨论到第一个生成模型。首先，我们将介绍贝叶斯定理。接着，我们将比较生成模型和判别模型。我们将讨论朴素贝叶斯和它的假设，并检验它的常用变体。最后，我们将使用 scikit-learn 类库来拟合一个模型。

## 7.1  贝叶斯定理

贝叶斯定理是一个使用相关条件的先验知识来计算一个事件概率的公式。该定理由英国统计学家、牧师托马斯·贝叶斯于 18 世纪发现。贝叶斯从未出版过他的作品，他的手稿由数学家理查德·普莱斯编辑出版。贝叶斯定理如公式 7.1 所示：

$$P(A\,|\,B) = \frac{P(B\,|\,A)P(A)}{P(B)}$$

（公式 7.1）

在公式 7.1 中，$A$ 和 $B$ 代表事件；$P(A)$是观察到事件 $A$ 的概率，$P(B)$是观察到事件 $B$ 的概率。$P(A|B)$是在观察到事件 $B$ 的同时又观察到事件 $A$ 的条件概率。在分类任务中，我们的目标是将解释变量的特征映射到一个离散的响应变量上，对于给定的特征 $B$，我们必须找出最可能的标签 $A$。

 一个定理是基于公理和其他定理被证明为真的数学描述。

让我们来看一个例子。假设一个病人表现出一种特定疾病的症状，而且一个医生对于该疾病实施了一项检测。这个检测有99%的召回率和98%的特异性。**特异性**用来衡量真阴性比例，或者说真正的阴性实例被预测为阴性的比例。特异性和召回率经常用来评估医学检测。在此处召回率有时被称为**敏感性**。回顾前面的章节内容，99%的召回率意味着99%真正患病的病人被预测为患有该疾病。98%的特异率意味着98%真正没有患病的病人被预测为不患有该疾病。我们同时假设该疾病很罕见，总人口中患有该疾病的人仅仅占0.2%。如果一个病人的检测结果是阳性，那么他确实患有该疾病的概率有多大呢？假如给定一个阳性检测结果 $B$，病人患有该疾病的条件概率 $A$ 是多少？

如果我们知道 $P(A)$、$P(B)$ 以及 $P(B|A)$ 的值，我们可以使用贝叶斯定理来解决该问题。$P(A)$ 是患有该病的概率，我们已经知道该值为0.2%。$P(B|A)$ 或者说给定阳性测试结果的前提下病人患有该病的概率是检测的召回率0.99。我们最后需要的是 $P(B)$，一个阳性检测结果的概率。其值等于真阳性和假阳性结果的概率之和，如公式7.2所示，需要注意的是"未-患病"是一个单独的值，而不是"未"和"患病"两者的差值：

$$P(阳性)=P(阳性|患病)P(患病)+P(阳性|未-患病)P(未-患病) \quad （公式7.2）$$

患有该病的病人被检测为阳性的概率等于检测的召回率0.99。第一项概率的结果为检测的召回率和患有该病的概率0.002的乘积。不患有该病的病人被检测为阳性的概率是检测特异性的补余或者0.02。第二项概率的结果为检测特异性的补余0.02和患有该疾病概率的补余0.998的乘积，如公式7.3所示：

$$P(阳性)=0.99×0.002+0.02×0.998=0.022 \quad （公式7.3）$$

用我们的事件重写后的贝叶斯定理如公式7.4所示：

$$P(患病|阳性)=\frac{P(阳性|患病)P(患病)}{P(阳性|患病)P(患病)+P(阳性|未-患病)P(未-患病)} \quad （公式7.4）$$

我们已经算出了公式中所有的项目值，现在我们可以算出给定阳性检测结果患有该病的条件概率，如公式7.5所示：

$$P(患病|阳性)=\frac{0.99×0.002}{0.99×0.002+0.02×0.998}=0.09 \quad （公式7.5）$$

检测结果为阳性的病人真正患有该病的概率少于10%，该结果似乎是不正确的。检测的召回率和特异率分别为99%和98%，被检测为阳性的病人不太可能患有该病并不太符合直觉。虽然该项检测的特异性和召回率很接近，但是因为患有该病的概率非常小，因此假阳性要比假阴性更常见。在1000个病人中，我们只预期有两人患有该病。根据99%的召回率，我们应该预期该项检测能正确的探测出这两名病人。然而，我们也应该预期到该项检测会错误的预测另外大约 20 个病人患有该病。22 个阳性预测中仅仅有 9%的比例是真阳性。

# 7.2　生成模型和判别模型

在分类任务中，我们的目标是学习一个模型的参数，使其能够最优地将解释变量的特征映射到响应变量。我们在前面章节中讨论的所有分类器都是**判别模型**，它指的是学习一个决策边界对类进行判别。概率判别模型（例如逻辑回归），会学习去估计条件概率 $P(y|x)$。概率判别模型会根据给定的输入值去估计最有可能的类。非概率判别模型（例如 KNN），会直接把特征映射到类。

**生成模型**不会直接学习一个决策边界。相反，生成模型对特征和类的联合概率分布 $P(y, x)$进行建模。这等价于对类的概率和给定类的情况下特征的概率进行建模。也就是说，生成概率对类如何生成特征进行建模。贝叶斯定理可以运用于生成模型来估计给定特征的情况下一个类的条件概率。

如果在分类任务中我们的概率是把特征映射到类，为什么要使用一种一定需要一个中间步骤的方法呢？为什么要选择一个生成模型而不是一个判别模型呢？其中一个原因在于生成模型可以被用于生成新的数据实例。更重要的是，因为生成模型对类如何生成数据进行建模，生成模型相比判别模型有更大的偏差。这个中间步骤对模型引入了更多的假设。在这些假设前提下，生成模型可以更稳健地扰乱训练数据，并在训练数据很缺乏时比判别模型性能更佳。生成模型的缺点是这些假设可能会阻止生成模型进行学习，随着训练实例数量的增加，判别模型的性能要优于生成模型。

# 7.3　朴素贝叶斯

在本章的第一节中，我们描述了贝叶斯定理。回顾贝叶斯定理的定义如公式 7.6 所示：

$$P(A \mid B) = \frac{P(B \mid A)P(A)}{P(B)} \qquad （公式 7.6）$$

让我们将贝叶斯定理重写为对一个分类任务更自然的形式，如公式 7.7 所示：

$$P(y \mid x_1,...,x_n) = \frac{P(x_1,...,x_n \mid y)P(y)}{P(x_1,...,x_n)} \qquad （公式 7.7）$$

在公式 7.7 中，$y$ 代表正向类，$x_1$ 是实例的第一个特征，$n$ 是特征的数量。$P(B)$对于所

有输入是一个常量，因为在训练数据集中观测到一个特定特征的概率对于不同的测试实例来说并不会有所不同，因此我们可以忽略。这里出现了两个项目：先验类概率 $P(y)$ 以及条件概率 $P(x_1, ..., x_n|y)$。朴素贝叶斯通过极大化一个后验估计来估计这两个项目。$p(y)$ 是训练集中每个类出现的频率。对于类别特征，$P(x_i|y)$ 是属于该类的训练实例特征的频率，它通过公式 7.8 来估计：

$$\hat{P}(x_i \mid y_i) = \frac{N_{x_i, y_j}}{N_{y_j}} \qquad （公式 7.8）$$

公式 7.7 的分子是特征出现在 $y_i$ 类训练实例中的次数，分母是类 $y_i$ 中所有特征出现的总频率。朴素贝叶斯通过最大概率预测类，如公式 7.9 所示：

$$\hat{y} = \arg\max_y P(y) \prod_{i=1}^{n} P(x_i \mid y) \qquad （公式 7.9）$$

需要注意的是，即使一个朴素贝叶斯分类似表现很好，估计的类概率的准确率也会很低。朴素贝叶斯的变体最可能在它们对于分布 $P(x_i|y)$ 的假设上有所不同，因此他们能够学习的特征类型也有所不同。我们已经讨论的变体（**多项式朴素贝叶斯**）适合类别特征。我们的项目频率特征在一个语料库中将每一个标示表示为一个类别变量。**高斯朴素贝叶斯**适合连续特征，它假设每个特征对于每个类都符合正态分布。**伯努利朴素贝叶斯**适合于所有特征均为二元值的情形。scikit-learn 类库的 GaussianNB、BernoulliNB 和 MultinomialNB 类实现了这些变体。

## 朴素贝叶斯的假设

该模型被称之为**朴素**是因为它假设对响应变量来说所有的特征都条件独立，如公式 7.10 所示：

$$P(x_i \mid y) = P(x_i \mid y, x_j) \qquad （公式 7.10）$$

需要注意的是，该假设不等同于所有的特征相互独立，如公式 7.11 所示：

$$P(x_i) = P(x_i \mid x_j) \qquad （公式 7.11）$$

该独立假设很少为真。然而，甚至当该假设不成立时，朴素贝叶斯可以有效地判别线性可分类，并且当训练数据缺乏时性能通常优于判别模型。除了性能良好之外，朴素贝斯模型一般很快，同时也易于实现。因为这些，它被广泛地使用。

考虑一个对新闻网站文章的分类任务。对于一篇文章，我们的目标是将它分配到一个报纸板块，例如"国际政治""美国政治""科学技术"或者"体育"。朴素贝叶斯假设意味着知道一篇文章属于体育板块，和这篇文章包含单词"篮球"并不会影响你对单词"战士"或者单词"UNC"出现在这篇文章中的信心。该假设在该任务中并不成立，了解一篇文章来自"体育"板块，以及它包含单词"篮球"应该能让我们相信文章可能会包含单词"UNC""NCAA"和"迈克尔·乔丹"，可能不会包含不相关的单词例如"三明治"或者"彗星"。了解一篇文章属于体育板块，以及文章包含单词"杜克"应该让我们相信文章可能会包含单词"犯错"和"过气"。虽然朴素贝叶斯的假设很少成立，但假设是必需的。没有这些假设，模型可能会包含不切实际数量的参数数量，同时假设也让类条件概率能直接从训练数据中估计。

朴素贝叶斯也假设训练实例**独立同分布（i.i.d）**，这意味着训练实例相互独立，并且来源于同一个概率分布。重复抛一个硬币会产生 i.i.d 样本，每次翻转着陆的可能性都相同，任何翻转的结果都不依赖于其他翻转的结果。和条件独立假设不同，该假设必须成立来保证朴素贝叶斯性能良好。

# 7.4 在 scikit-learn 中使用朴素贝叶斯

我们使用 scikit-leaen 类库来拟合一个朴素贝叶斯分类器，将在两个样本数逐渐增大的不同训练集上比较朴素贝叶斯分类器和逻辑回归分类器的性能。威斯康星乳癌数据集包含从乳房肿块的细针吸入图片中提取的特征，该项任务是使用每个细针吸入图像中 30 个描述细胞核的实值特征来将肿块分类为恶性或者良性。该数据集包含 212 个恶性实例和 357 个良性实例。皮马印第安人糖尿病数据集任务是使用 8 个特征表示，特征包括怀孕次数、口服葡萄糖耐量试验、舒张压、肱三头肌皮肤褶皱厚度、身体质量指数、年龄和其他诊断，以此来预测一个人是否患有糖尿病。该数据集包含 268 个糖尿病实例和 500 个非糖尿病实例。

**代码 7.1**

```
# In[1]:
%matplotlib inline

# In[2]:
import pandas as pd
from sklearn.datasets import load_breast_cancer
```

```
from sklearn.linear_model import LogisticRegression
from sklearn.naive_bayes import GaussianNB
from sklearn.model_selection import train_test_split
import matplotlib.pyplot as plt

X, y = load_breast_cancer(return_X_y=True)
X_train, X_test, y_train, y_test = train_test_split(X, y, stratify=y,
  test_size=0.2, random_state=31)

lr = LogisticRegression()
nb = GaussianNB()

lr_scores = []
nb_scores = []

train_sizes = range(10, len(X_train), 25)

for train_size in train_sizes:
    X_slice, _, y_slice, _ = train_test_split(
    X_train, y_train, train_size=train_size, stratify=y_train,
random_state=31)
    nb.fit(X_slice, y_slice)
    nb_scores.append(nb.score(X_test, y_test))
    lr.fit(X_slice, y_slice)
    lr_scores.append(lr.score(X_test, y_test))

plt.plot(train_sizes, nb_scores, label='Naïve Bayes')
plt.plot(train_sizes, lr_scores, linestyle='--', label='Logistic
Regression')
plt.title("Naïve Bayes and Logistic Regression Accuracies")
plt.xlabel("Number of training instances")
plt.ylabel("Test set accuracy")
plt.legend()

# Out[2]:
<matplotlib.legend.Legend at 0x7ff86c658668>
```

　　如代码 7.1 所示，我们首先从威斯康星乳癌数据集开始。魔法命令%matplotlib inline 允许我们直接在记事本中绘图并展示。首先我们使用 scikit-learn 类库的 loadbreastcancer 便捷函数载入数据。接着，我们使用 traintestsplit 便捷函数将 20%的实例分为测试集。stratify=y_train 指定训练集合测试集应该有相同比例的正向实例和负向实例。如果一致地随机采样实例可能会导致训练集和测试集中几乎没有少数类实例，当类的数量不平衡时这非常重要，我们将使用这个测试集评估模型。我们再次使用 traintestsplit 方法对剩余的实例进行多次逐渐增大的划分，并使用它们去训练 LogisticRegression 和 GaussianNB 分类器。最后，我们绘制出分类器的得分。

在小型数据集上，朴素贝叶斯分类器通常性能优于逻辑回归分类器。朴素贝叶斯更容易产生偏差，这可以防止其拟合噪声。然而，偏差也会阻碍模型在大数据集上进行学习。在这个例子中，朴素贝叶斯分类器在最开始性能优于逻辑回归分类器，但是当训练集数量增加时逻辑回归分类器的性能则逐渐提升，如图 7.1 所示。

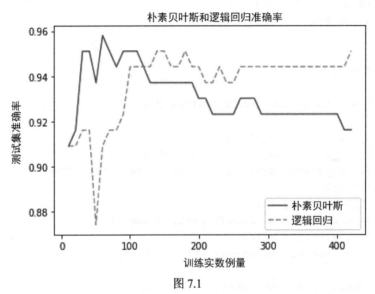

图 7.1

现在让我们在皮马印第安人糖尿病数据集上比较逻辑回归和朴素贝叶斯分类器的性能，如代码 7.2 所示。

**代码 7.2**

```
# In[3]:
df = pd.read_csv('./pima-indians-diabetes.data', header=None)
y = df[8]
X = df[[0, 1, 2, 3, 4, 5, 6, 7]]
X_train, X_test, y_train, y_test = train_test_split(X, y, stratify=y,
    random_state=11)

lr = LogisticRegression()
nb = GaussianNB()
lr_scores = []
nb_scores = []
```

```
train_sizes = range(10, len(X_train), 10)
for train_size in train_sizes:
    X_slice, _, y_slice, _ = train_test_split(
        X_train, y_train, train_size=train_size, stratify=y_train,
            random_state=11)
    nb.fit(X_slice, y_slice)
    nb_scores.append(nb.score(X_test, y_test))
    lr.fit(X_slice, y_slice)
    lr_scores.append(lr.score(X_test, y_test))

plt.plot(train_sizes, nb_scores, label='Naïve Bayes')
plt.plot(train_sizes, lr_scores, linestyle='--', label='Logistic
Regression')
plt.title("Naïve Bayes and Logistic Regression Accuracies")
plt.xlabel("Number of training instances")
plt.ylabel("Test set accuracy")
plt.legend()

# Out[3]:
<matplotlib.legend.Legend at 0x7ff86cb3eda0>
```

　　首先，我们使用 pandas 加载了.csv 文件。这个.csv 文件缺少一个数据头，因此我们使用列索引将响应变量和特征分隔开。接着，我们创建了一个分层测试集。而后，我们在一个不断增大的训练集上训练和评估模型，并绘制出准确率。在小型数据集上朴素贝叶斯分类器比逻辑回归分类器准确，但是随着数据集数量的增加逻辑回归分类器的准确率逐渐提升，如图 7.2 所示。

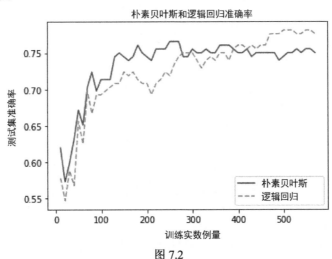

图 7.2

## 7.5    小结

在本章中，我们介绍了第一个生成模型——朴素贝叶斯。我们使用贝叶斯定理计算了一个被检测为阳性的病人确实患有该病的概率，其中使用了关于测试性能和相关条件的知识。我们还对比了生成模型和判别模型，使用 scikit-learn 类库训练了一个朴素贝叶斯分类器，并对比了这个朴素贝叶斯分类器和一个判别模型的性能。

# 第8章
# 非线性分类和决策树回归

在本章中，我们将讨论一种用于分类和回归任务的简单、非线性模型，称为**决策树**。我们将使用决策树来创建一个广告拦截器，它能学习将一个网页中的图片分类为横幅广告或网页内容。尽管决策树很少在实践中被使用，但是它们是更多强大模型的组成部分。因此，理解决策树非常重要。

## 8.1 决策树

决策数是一种能够对一个决策进行建模的树形图，它们可以类比为一个叫作"20个问题"的室内游戏。在"20个问题"中，有一个参与者称为**答题人**，他会选择一个物体但是不会把该物体透露给其他称为**提问人**的参与者。这个物体应该是一个普通名词，例如"吉他"或者"三明治"，但不能是"1969 Gibson Les Paul 定制款吉他"者"北卡罗来纳三明治"。提问人必须通过最多 20 个问题来猜到这个物体，提问的答案可能是"是""否"或者"可能"。对于提问人的一个直观的策略是提出渐进明确的问题。一般来说，第一个问题问"它是否是一件乐器"并不会有效地减少答案的可能性的数量。决策树的分支指明了为了估计一个响应变量的值而被检查到的最短特征序列。继续类比，在"20个问题"中，提问人和答题人都拥有关于训练数据的知识，但是对于训练实例来说，只有答题人知道特征的值。决策树经常通过基于特征实例迭代地将训练实例集合分到子集合中来学习。图 8.1 描绘了我们将在本章稍后中学习的决策树。

决策树测试特征的内部节点，用盒子进行表示。这些节点通过边来连接，这些边指明了测试的可能输出。训练实例基于测试结果被分到不同的子集中。例如，一个节点可能会测试一个特征的值是否超出了阈值。通过测试的实例将会随着一条边界到达节点的右子节点，未通过测试的实例将会随着一条边界到达节点的左子节点。子节点将会类似地测试训练实例的子集，直到满足一个停止标准。在分类任务中，决策树的叶节点表示类别。在回归任务中，一个叶节点包含多个实例，这些实例对应的响应变量值可以通过求均值来估计这个叶节点对应的响应变量值。在决策树构建完成之后，对一个测试实例进行预测只需要从根节点顺着对应的边到达某个叶节点。

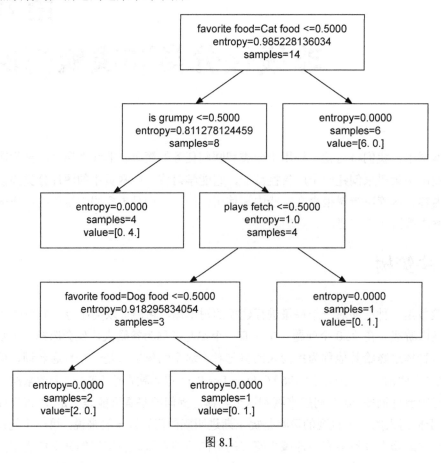

图 8.1

## 8.2 训练决策树

我们使用一种称为**迭代二叉树 3 代（ID3）**的算法，该算法由罗斯·昆兰发明，是一种用于训练决策树的优先算法。假设你需要执行一项分类猫和狗的任务，但是，你不能直接观察动物，而必须要使用动物的一些特征来做出决策。对于每一个动物，你被告知该动物是否喜欢玩滚筒，该动物是否脾气暴躁，以及该动物最喜欢的 3 种食物。为了对一个新的动物进行分类，决策树将会在每一个节点上检测一个特征。连接到下一个节点的边将依赖于该节点测试的输出结果。例如，第一个节点可能会问该动物是否喜欢玩滚筒。如果喜欢，我们会随着边到达左子节点；如果不喜欢，我们将随着边到达右子节点。逐渐地，一条边将会连接一个叶节点来指示该动物是猫还是狗。如表 8.1 所示，下列的 14 个实例组成了我们的训练数据。

表 8.1

| 训练实例 | 喜欢玩滚筒 | 脾气暴躁 | 最喜欢的食物 | 种类 |
| --- | --- | --- | --- | --- |
| 1 | 是 | 否 | 培根 | 狗 |
| 2 | 否 | 是 | 狗粮 | 狗 |
| 3 | 否 | 是 | 猫粮 | 猫 |
| 4 | 否 | 是 | 培根 | 猫 |
| 5 | 否 | 否 | 猫粮 | 猫 |
| 6 | 否 | 是 | 培根 | 猫 |
| 7 | 否 | 是 | 猫粮 | 猫 |
| 8 | 否 | 否 | 狗粮 | 狗 |
| 9 | 否 | 是 | 猫粮 | 猫 |
| 10 | 是 | 否 | 狗粮 | 狗 |
| 11 | 是 | 否 | 培根 | 狗 |
| 12 | 否 | 否 | 猫粮 | 猫 |
| 13 | 是 | 是 | 猫粮 | 猫 |
| 14 | 是 | 是 | 培根 | 狗 |

从数据中我们可以看出，猫一般来说比狗脾气暴躁。大多数的狗玩滚筒，而大多数的猫拒绝。狗更喜欢狗粮和培根，而猫则喜欢猫粮和培根。"脾气暴躁"和"喜欢玩滚筒"解释变量可以轻松地转换为二元值特征。"最喜欢的食物解释"变量是一个有 3 种可能值的类别变量，我们将使用 one-hot 算法来对其进行编码。回顾一下，由于变量有多个值，one-hot 编码可以将一个类别变量表示为多个二元特征。由于"最喜欢的食物"有 3 种可能的状态，我们可以将其表现为 3 个二元特征。从表格中，我们可以手动地来组织分类规则。例如，脾气暴躁且喜欢猫粮的动物肯定是一只猫，而喜欢玩滚筒且喜欢培根的动物肯定是一只狗。手动地组织这些分类规则，就算对一个小数据集来说，都是很烦琐的。因此，我们将使用 ID3 算法来学习这些规则。

## 8.2.1 选择问题

和"20 个问题"一样，决策树通过检测一个特征序列的值来估计响应变量的值。哪一个特征应该首先被检测呢？直觉上来说，一个能产出只包含所有猫和只包含所有狗的子集的检测，要优于一个产出同时包含猫和狗的检测。如果一个子集的成员属于不同的类，我们依然无法确定如何分类实例。我们也应该避免创建那种只会把一只猫和一直狗和其余同类隔开的检测，这样的检测可以类比为在"20 个问题"的新一轮中问一个特定的问题。这样的检测几乎不能分类一个实例，也不会降低不确定性。能在最大程度上降低分类不确定性的检测是最好的检测。我们可以使用一种称为**熵**的衡量方式来量化不确定性的程度。熵可以将一个变量中的不确定进行量化，并以比特为单位。公式 8.1 给出了熵的定义，在公式中 $n$ 是结果的数量，$P(x_i)$ 是输出 $i$ 的概率。$b$ 的常见取值是 2、e 和 10。由于一个小于 1 的数值的对数为负数，求和为负数，公式将返回一个正数。

$$H(X) = -\sum_{i=1}^{n} P(x_i) \log_b P(x_i) \qquad \text{（公式 8.1）}$$

例如，单次投掷一个硬币只有两种结果：朝上或者朝下。硬币朝上的概率是 0.5，概率朝下的概率是 0.5。投掷硬币的熵如公式 8.2 所示：

$$H(X) = -(0.5\log_2 0.5 + 0.5\log_2 0.5) = 1.0 \qquad \text{（公式 8.2）}$$

也就是说，两个概率相等的输出结果（朝上和朝下）只需要 1 比特就可以表示。投掷硬币两次会导致 4 种可能的结果：朝上朝上、朝上朝下、朝下朝上以及朝下朝下。每种可能结果的概率是 0.25。投掷硬币两次的熵如公式 8.3 所示：

$$H(X) = -(0.25\log_2 0.25 + 0.25\log_2 0.25 + 0.25\log_2 0.25 + 0.25\log_2 0.25) = 2.0 \quad \text{（公式 8.3）}$$

如果硬币的两面都一样，表示输出结果的变量熵为 0。也就是说，我们总是可以确定输出结果，同时变量永远不会表示新的信息。熵也可以用 1 比特的一小部分来进行表示。例如，一个不公平硬币两面不相同，但是两面重量分布不均以至于在一次投掷中两面着地的概率不同。假设一个不公平硬币朝上的概率是 0.8，朝下的概率是 0.2。一次投掷的熵如公式 8.4 所示：

$$H(X) = -(0.8\log_2 0.8 + 0.2\log_2 0.2) = 0.72 \qquad \text{（公式 8.4）}$$

投掷一次不公平硬币的结果的熵只是 1 比特的一部分。一次投掷有两种可能的结果，但是由于其中一种结果出现的次数更多，我们并不会完全不确定输出结果。

我们来计算分类一种未知动物的熵。如果动物分类训练数据中的猫和狗的数量相等，同时我们并不了解关于动物的其他信息，决策的熵等于 1。关于动物我们所了解的仅仅是，它是一只猫或者是一只狗。就如投掷一枚硬币一样，所有结果出现的可能性相同。然而，我们的训练输出，包含 6 只狗和 8 只猫。如果我们完全不了解未知动物的其他信息，决策的熵可以由公式 8.5 算出：

$$H(X) = -\left(\frac{6}{14}\log_2\frac{6}{14} + \frac{8}{14}\log_2\frac{8}{14}\right) = 0.99 \qquad （公式 8.5）$$

由于猫更为常见，我们对结果的不确定性稍有降低。现在让我们找出对分类动物最有帮助的特征，也就是说，我们来找出能把熵降到最低的特征。我们可以检测"喜欢玩滚筒"特征，并将训练实例分为爱玩滚筒的实例和不爱玩滚筒的实例。这项检测将产出两个子集，如图 8.2 所示。

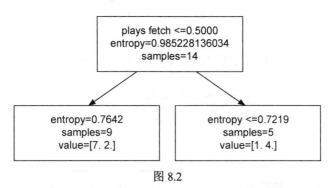

图 8.2

决策树经常可视化为类似流程图的图表。图 8.2 中最顶部的方格是根节点，它包含我们所有的训练实例，同时也指明了所有需要检测的特征。在根节点处，我们没有从训练集中删除任何的实例，此时的**熵**逼近 **0.99**。根节点检测了"喜欢玩滚筒"特征。回顾一下我们将这个布尔解释变量转换为一个二元值特征。"喜欢玩滚筒"特征等于 0 的训练实例分到根节点的左子节点，而喜欢玩滚筒的训练实例动物分到根节点的右子节点。左子节点包含一个训练实例的子集，其中包含 7 只不喜欢玩滚筒的猫和两只不喜欢玩滚筒的狗。该节点熵的计算如公式 8.6 所示：

$$H(X) = -\left(\frac{2}{9}\log_2\frac{2}{9} + \frac{7}{9}\log_2\frac{7}{9}\right) = 0.76 \qquad （公式 8.6）$$

右子节点包含一个子集，其中包含一只喜欢玩滚筒的猫和 4 只喜欢玩滚筒的狗。该节点熵的计算如公式 8.7 所示：

$$H(X) = -\left(\frac{1}{5}\log_2\frac{1}{5} + \frac{4}{5}\log_2\frac{4}{5}\right) = 0.72 \qquad （公式 8.7）$$

除了"喜欢玩滚筒"特征以外，我们还会检测"脾气暴躁"特征。该项检测产出的树如图 8.3 所示。和图 8.2 中的树一样，未通过检测的实例沿着左边线分到左子节点，通过检测的实例沿着右边线分到右子节点。

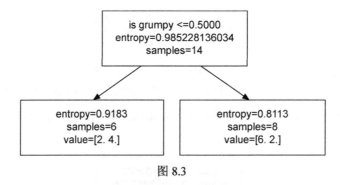

图 8.3

我们也可以通过动物是否喜欢猫粮将动物进行分类，如图 8.4 中的树所示。

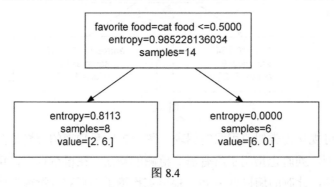

图 8.4

## 信息增益

检测动物是否喜欢猫粮会产出两个子集，其中一个子集包含 6 只猫和 0 只狗，熵为 0，另一个子集包含两只猫和 6 只狗，熵为 0.811。我们如何来衡量哪一项检测最能减少我们对于分类的不确定性呢？计算所有子集熵的均值似乎是一种衡量熵减少的可行方式。在这个例子中，由猫粮检测产出的子集拥有最低的平均熵。直觉来说，该项检测似乎是最有效的，因为我们使用它来区分出了几乎半数的训练实例。

然而，选择能产出最低平均熵子集的检测会产出一个次优树。例如，假设一项检测会产出一个包含两只狗和 0 只猫的子集，而另一个子集包含 4 只狗和 8 只猫。第 1 个子集的熵如公式 8.8 所示。注意到第 2 项由于其没有定义而被省略：

$$H(X) = -\left(\frac{2}{2}\log_2\frac{2}{2}\right) = 0.0 \qquad （公式 8.8）$$

第 2 个子集的熵如公式 8.9 所示：

$$H(X) = -\left(\frac{4}{12}\log_2\frac{4}{12} + \frac{8}{12}\log_2\frac{8}{12}\right) = 0.92 \qquad （公式 8.9）$$

子集的平均熵为 0.459，但是包含最多实例的熵几乎有 1 比特。这可以类比为在"二十个问题"的一开始就问特定的问题。如果我们足够幸运，就可以在开始几次尝试之后就获胜，但是也很有可能我们浪费了很多提问的机会而没有降低很多的可能。相反，我们可以使用一个称为**信息增益**的指标来衡量熵的减少。信息增益的计算如公式 8.10 所示，表示的是父节点的熵 $H(T)$ 和子节点的加权平均熵之间的差别。$T$ 是实例的集合，$a$ 是检测中使用的特征：

$$IG(T,a) = H(T) - \sum_{v\in vals(a)} \frac{\left|\{x\in T\mid x_a = v\}\right|}{|T|} H(\{x\in T\mid x_a = v\}) \qquad （公式 8.10）$$

公式 8.10 中 $X_a \in vals(a)$ 表示实例 $x$ 对应的特征 $a$ 的值。$X \in T\mid X_a = v$ 表示特征 $a$ 的值等于 $v$ 的实例数量。$H(X \in T\mid X_a = v)$ 是特征 $a$ 的值等于 $v$ 的实例的子集的熵。表 8.2 包含了所有测试的信息增益。在此，因为使用猫粮检测的信息增益增加最多，它依然是最优检测。

表 8.2

| 检　　测 | 父节点熵 | 第一个子节点熵 | 第二个子节点熵 | 加　权　平　均 | 信息增益 |
|---|---|---|---|---|---|
| 喜欢玩滚筒？ | 0.9852 | 0.7642 | 0.7218 | 0.7642 * 9/14 + 0.7219 * 5/14 = 0.7491 | 0.2361 |
| 脾气暴躁？ | 0.9852 | 0.9183 | 0.8113 | 0.9183 * 6/14 + 0.8113 * 8/14 = 0.8572 | 0.1280 |
| 最喜欢的食物 = 猫粮 | 0.9852 | 0.8113 | 0 | 0.8113 * 8/14 + 0.0 * 6/14 = 0.4636 | 0.5216 |
| 最喜欢的食物 = 狗粮 | 0.9852 | 0.8454 | 0 | 0.8454 * 11/14 + 0.0 * 3/14 = 0.6642 | 0.3210 |
| 最喜欢的食物 = 培根 | 0.9852 | 0.9183 | 0.971 | 0.9183 * 9/14 + 0.9710 * 5/14 = 0.9371 | 0.0481 |

现在让我们在决策树中增加另一个节点。由该项检测产生的一个子节点是一个只包含猫的叶节点。另一个节点依然包含两只猫和 6 只狗。我们将对这个节点增加一项检测。哪一项剩余特征能最大程度地减少不确定性呢？表 8.3 包含了对所有可能检测的信息增益。

表 8.3

| 检 测 | 父节点熵 | 第一个子节点熵 | 第二个子节点熵 | 加 权 平 均 | IG |
|---|---|---|---|---|---|
| 喜欢玩滚筒 | 0.8113 | 1 | 0 | 1.0 * 4/8 + 0 * 4/8 = 0.5 | 0.3113 |
| 脾气暴躁 | 0.8113 | 0 | 1 | 0.0 * 4/8 + 1* 4/8 = 0.5 | 0.3113 |
| 最喜欢的食物 = 狗粮 | 0.8113 | 0.9710 | 0 | 0.9710 * 5/8 + 0.0 * 3/8 = 0.6069 | 0.2044 |
| 最喜欢的食物 = 培根 | 0.8113 | 0 | 0.9710 | 0.0 * 3/8 + 0.9710 * 5/8 = 0.6069 | 0.2044 |

所有检测都会产出一个熵为 0 比特的子集，但是"脾气暴躁"和"喜欢玩滚筒"检测会产出最大的信息增益。ID3 会通过随机选择一个最佳检测来打破平局。我们将选择"脾气暴躁"进行检测，该项检测会将父节点中包含的 8 个实例分为一个包含 4 只狗的叶节点，以及一个包含两只猫和两只狗的叶节点。图 8.5 描述了目前决策树的结构。

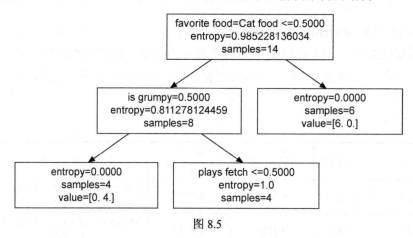

图 8.5

现在我们将选择另一个解释变量来检测子节点的 4 个实例。剩余的检测，"最喜欢的食物 = 培根""最喜欢的食物 = 狗粮"以及"喜欢玩滚筒"，都会产出一个包含一只狗或一只猫的叶节点，以及一个包含余下动物的节点。也就是说，剩余的检测会产出相同的信息增益，如表 8.4 所示。

表 8.4

| 检 测 | 父节点熵 | 第一个子节点熵 | 第二个子节点熵 | 加权平均 | 信息增益 |
|---|---|---|---|---|---|
| 喜欢玩滚筒 | 1 | 0.9183 | 0 | 0.688725 | 0.311275 |
| 最喜欢的食物=狗粮 | 1 | 0.9183 | 0 | 0.688725 | 0.311275 |
| 最喜欢的食物=培根 | 1 | 0 | 0.9183 | 0.688725 | 0.311275 |

我们将随机选择"喜欢玩滚筒"来检测产出一个包含一只狗的叶节点和一个包含两只猫和一只狗的叶节点。剩余的两个特征：我们可以用来检测喜欢培根的动物，或者可以用来检测喜欢狗粮的动物。两项检测都会产出相同的子集，并创建一个只包含一只狗的叶节点和一个包含两只猫的叶节点。我们将随机选择检测喜欢狗粮的动物，图 8.6 是决策树最终的结构。

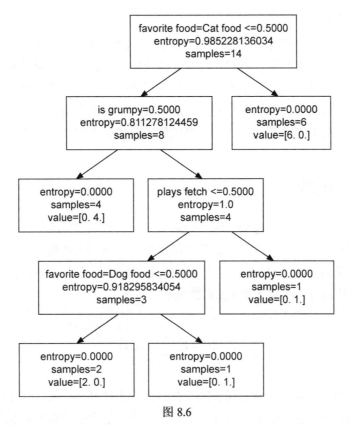

图 8.6

接下来，我们对表 8.5 包含的测试数据中的动物进行分类。

表 8.5

| 测试实例 | 喜欢玩滚筒 | 脾气暴躁 | 最喜欢的食物 | 类别 |
| --- | --- | --- | --- | --- |
| 1 | 是 | 否 | 培根 | 狗 |
| 2 | 是 | 是 | 狗粮 | 狗 |
| 3 | 否 | 是 | 狗粮 | 猫 |
| 4 | 否 | 是 | 培根 | 猫 |
| 5 | 否 | 否 | 猫粮 | 猫 |

让我们对第一个动物进行分类，第 1 个动物喜欢玩滚筒，并且不经常脾气暴躁，并且喜欢培根。由于该动物最喜欢的食物不是猫粮，因此我们将到达根节点的左子节点。由于动物并不脾气暴躁，因此我们将到达第 2 级节点的子节点。这是一个只包含狗的叶节点，我们已经正确地将这个实例进行了分类。为了将第 3 个测试实例分类为一只猫，我们首先到达根节点的左子节点，然后到第 2 级节点的右子节点，接着到达第 3 级节点的左节点，最后到达第 4 级节点的右子节点。

ID3 算法并不是唯一能用于训练决策树的算法。**C4.5** 算法是 ID3 的一个修改版本，它能够和连续解释变量一起使用，同时能为特征提供缺失的值。C4.5 算法也可以用于给树**剪枝**。剪枝通过使用叶节点替代几乎不能对实例进行分类的分支来减少树的体积。**CART** 算法是另一种支持剪枝的学习算法，它同时也是 scikit-learn 类库用来实现决策树的算法。现在我们已经有了一些对 ID3 算法本身和对其能解决问题的了解，我们将使用 scikit-learn 类库来创建决策树。

## 8.2.2 基尼不纯度

在上一节内容中，我们通过创建能产出最大信息增益的节点来创建一个决策树。另一个用于学习决策树的常用启发性算法是**基尼不纯度**，它能用来衡量一个集合中类的比例。基尼不纯度的定义如公式 8.11 所示，其中 $j$ 是类的数量，$t$ 是节点对应的实例子集，$P(i|t)$ 是从节点的子集中选择一个属于类 $i$ 元素的概率：

$$Gini(t) = 1 - \sum_{i=1}^{j} P(i|t)^2 \qquad （公式 8.11）$$

直观地，当集合中所有元素都属于同一类时，由于选择一个元素属于这个类的概率都等于 1，因此基尼不纯度应该为 0。和熵一样，当每个被选择的类概率都相等时基尼不纯度达到最大值。基尼不纯度的最大值依赖于其依赖的可能类的数量，具体计算方法如公式 8.12 所示：

$$Gini_{max} = 1 - \frac{1}{n} \qquad （公式 8.12）$$

我们的分类问题中包含两个类，因此基尼不纯度的最大值等于 1/2。scikit-learn 类库同时支持决策树使用信息增益和基尼不纯度。没有一个严格的规则决定何时应该使用哪个衡量标准，在实际使用中，两个衡量标准经常会产出类似的结果。和机器学习中的很多决策算法一样，我们最好使用两种标准来训练模型并比较模型的性能。

# 8.3　使用 scikit-learn 类库创建决策树

我们使用决策树来创建一个能屏蔽网页横幅广告的软件，这个软件将预测一个网页中的每一张图片是否是一个广告还是文章内容。被分类为广告的图片将会从网页中被移除。我们将使用因特网广告数据集来训练一个决策树，该数据集可以从 http://archive.ics.uci.edu/ml/datasets/Internet+Advertisements 进行下载，其中包含 3279 张图片的数据。该数据集中类的比例是不均衡的，459 张图片是广告，另外 2820 张图片是文章内容。决策树学习算法可以从非均衡类比例的数据中产出有偏树。在我们决定使用过取样或者降采样实例来平衡训练实例是否值得之前，我们将在一个不变的数据集上衡量模型。解释变量包括图片的维度、网页 URL 中的文字、图片 URL 中的文字、图片的 alt 属性文字、图片的 anchor 属性文字、以及围绕图片标签的文字窗。响应变量是图片的类别。解释变量已经被转换为特征。前 3 个特征是实数，它们分别是图片的宽度、高度和长宽比的编码数值。余下的特征对文字变量出现的频率进行二元项编码。在下面的例子中，我们将使用网格搜索来找出能使决策树达到最大准确率的超参数，并在一个测试集上衡量该决策树的性能，如代码 8.1 所示。

**代码 8.1**

```
# In[1]:
import pandas as pd
from sklearn.tree import DecisionTreeClassifier
from sklearn.model_selection import train_test_split
from sklearn.metrics import classification_report
from sklearn.pipeline import Pipeline
from sklearn.grid_search import GridSearchCV

df = pd.read_csv('./ad.data', header=None)

explanatory_variable_columns = set(df.columns.values)
explanatory_variable_columns.remove(len(df.columns.values)-1)
response_variable_column = df[len(df.columns.values)-1] # The last column
describes the classes

y = [1 if e == 'ad.' else 0 for e in response_variable_column]
X = df[list(explanatory_variable_columns)].copy()
X.replace(to_replace=' *\?', value=-1, regex=True, inplace=True)
X_train, X_test, y_train, y_test = train_test_split(X, y)

pipeline = Pipeline([
```

```
            ('clf', DecisionTreeClassifier(criterion='entropy'))
])
parameters = {
    'clf__max_depth': (150, 155, 160),
    'clf__min_samples_split': (2, 3),
    'clf__min_samples_leaf': (1, 2, 3)
}

grid_search = GridSearchCV(pipeline, parameters, n_jobs=-1, verbose=1,
    scoring='f1')
grid_search.fit(X_train, y_train)

best_parameters = grid_search.best_estimator_.get_params()
print('Best score: %0.3f' % grid_search.best_score_)
print('Best parameters set:')
for param_name in sorted(parameters.keys()):
    print('t%s: %r' % (param_name, best_parameters[param_name]))

predictions = grid_search.predict(X_test)
print(classification_report(y_test, predictions))

# out[1]:
Fitting 3 folds for each of 18 candidates, totalling 54 fits
[Parallel(n_jobs=-1)]: Done   42 tasks      | elapsed:     5.4s
[Parallel(n_jobs=-1)]: Done   54 out of   54 | elapsed:     6.6s finished
Best score: 0.887
Best parameters set:
tclf__max_depth: 150
tclf__min_samples_leaf: 1
tclf__min_samples_split: 3
            precision    recall  f1-score   support
        0       0.98      0.99      0.98       717
        1       0.92      0.83      0.87       103
avg / total     0.97      0.97      0.97       820
```

  首先我们使用 pandas 库读取了.csv 文件。这个.csv 文件没有表头行，因此我们使用索引将最后一列包含响应变量的数据和其他列分开。我们将广告编码为正向类，文章内容编码为负向类。超出四分之一的实例缺少了至少一个图像维度的值，这些缺失的值使用空格和一个问号来标注。我们使用−1 来替换这些缺失的值，但是也可以来估算这些缺失值。例如，我们可以使用平均高度值来替换缺失的高度值。我们将数据分割为训练集和测试集，创建了一个管道和一个 DecisionTreeClassifier 类的实例。我们将 critertion 关

键字参数设置为 `entropy` 来使用信息增益启发性算法来创建决策树。接着，我们为网格搜索制定了超参数空间。我们将 `GridSearchCV` 设置为去最大化模型的 F1 得分。分类器在训练数据中探测到了超过 80%的广告图片，同时其预测为广告的图片事实上也为广告的比例逼近 92%。总的来说，该模型的性能是较为良好的。在后续的内容中，我们将尝试去修改模型以提升其性能。

## 决策树的优点和缺点

和决策树相关的优缺点和我们已经讨论过的其他模型有所不同，决策树很易于使用。和其他的学习算法不同，决策树并不要求对数据进行标准化。虽然决策树可以容忍特征值的缺失，scikit-learn 类库中目前对决策树的实现方式并不能容忍特征值的缺失。决策树可以学习去忽略同任务无关的特征，也可以用来决定哪些特征是最有用的。决策树支持多输出任务，同时单个决策树可以被用于多元分类任务而无需使用（例如"一对多"这样的策略）。小型决策树可以使用 scikit-learn 类库 `tree` 模块中的 `export_graphviz` 函数轻松地解释和可视化。

和我们已经讨论过的大部分其他模型一样，决策树属于**勤奋学习模型**。勤奋学习模型在用于估计测试实例的值之前，需要从训练数据中创建一个输入不相关模型，但是一旦模型创建之后就可以相对较快地进行预测。相反，例如 KNN 算法这样的**懒惰学习模型**延迟了所有的泛化能力，直到它们被用于实际的预测中。懒惰学习模型不会花时间用来训练，但是和勤奋学习模型相比预测的过程通常较慢。

和我们已经讨论过的许多模型相比，决策树更容易过拟合。这是因为决策树学习算法会产出完美拟合每一个训练实例的巨型复杂的决策树模型，而无法对真实的关系进行泛化。有几项技巧可以用于缓和决策树中的过拟合问题。剪枝是一种常用的策略，它会移除决策树中一些过深的节点和叶子，但是该项技巧并未在 scikit-learn 类库中被实现。然而，我们可以通过设置决策树的最大深度，或者只在训练实例数量超出某个阈值时才创建子节点这样的预剪枝方法来达到类似的效果。`DecisiontreeClassifier` 类和 `DecisionTree-Regressor` 类都提供了用于设置这些限制的关键字参数。另一项用于减少过拟合的技巧是从训练数据和特征的子集中创建多棵决策树，这些模型的集合称为一个**集成**。下一章内容中，我们将创建一个被称为**随机森林**的决策树集合。

高效的决策树算法（例如 ID3 算法）是贪婪算法，它们通过做出局部最优决策来高效地学习，但并不保证能产出全局最优树。ID3 算法通过选择一个特征序列进行测试来构造一棵树。每一个特征因其在一个节点中相比其他变量更能减少不确定性而被选择。然而，为了找出全局最优树很有可能需要局部次优检测。在我们的玩具例子中，由于我们保留了所有的节点因此树的尺寸并不成为问题。然而在一个实际应用中，树的成长可能受到剪枝和其他类似机制的限制。将树剪枝为不同的形状将会产出不同性能的树。在实际应用中，由信息增益或者基尼不纯度启发性算法指导的局部最优决策往往会产出可接受的决策树。

# 8.4 小结

在本章内容中，我们学习了一种用于分类和回归任务的被称为决策树的简单非线性模型。和室内游戏——"20 个问题"类似，决策树由一系列检测测试实例的问题序列组成，决策树的分支终止于一个能指明响应变量预测值的叶子。我们讨论了如何使用 ID3 算法来训练决策树，其过程为迭代地将训练实例分割为可以减少我们对于响应变量值不确定性的子集。我们使用了决策树来预测网页中的某张图片是否是横幅广告。在下一章中，我们将介绍使用估计器集合对关系进行建模的方法。

# 第 9 章
# 集成方法：从决策树到随机森林

一个**集成**指的是估计器的组合，其性能要优于其中任何一个组件。在本章中，我们将介绍 3 种创建集成的方法：**套袋法**、**推进法**和**堆叠法**。首先，我们将把套袋法运用于上一章中介绍的决策树去创建一个称为随机森林的强大**集成**。接着，我们将介绍推进法和流行的 **AdaBoost** 算法。最后，我们将使用堆叠法从异类基础估计器创建集成。

## 9.1 套袋法

**自发聚集**或者套袋法，是一种能减少一个估计器方差的集成元算法。套袋法可以用于分类任务和回归任务。当组件估计器为回归器时，集成将平均它们的预测结果。当组件估计器为分类器时，集成将返回模类。

套袋法能在训练数据的变体上拟合多个模型。训练数据的变体使用一种称为**自发重采样**的流程来创建。通常来说，仅仅使用分布的一个样本来估计一个未知概率分布的参数是很有必要的。我们可以使用这个样本来计算一个统计数值，但是这个统计数值将会随我们恰巧取到的样本而变化。自发重采样是一种估计统计数值不确定性的方法。当且仅当样本中的观测值被独立地选取时，该方法才能被使用。自发重采样通过重复地对原采样进行替换进行采样来产出采样的多个变体。所有的变体采样将具有和原采样相同数量的观测值，同时任何一个观测值可能会包含多次或零次。我们可以通过这些变体的每一个计算我们的统计数值，并使用这些统计数据通过创建一个置信区间或者计算标准误差来估计我们估计中的不确定性。我们来了解一个例子，如代码 9.1 所示。

代码 9.1

```
# In[1]:
import numpy as np
```

```
# Sample 10 integers
sample = np.random.randint(low=1, high=100, size=10)
print('Original sample: %s' % sample)
print('Sample mean: %s' % sample.mean())

# Bootstrap re-sample 100 times by re-sampling with replacement
  from the original sample
resamples = [np.random.choice(sample, size=sample.shape) for i in
  range(100)]
print('Number of bootstrap re-samples: %s' % len(resamples))
print('Example re-sample: %s' % resamples[0])

resample_means = np.array([resample.mean() for resample in
  resamples])
print('Mean of re-samples\' means: %s' % resample_means.mean())

# Out[1]:
Original sample: [60 84 64 59 58 30  1 97 58 34]
Sample mean: 54.5
Number of bootstrap re-samples: 100
Example re-sample: [30 59 97 58 60 84 58 34 64 58]
Mean of re-samples' means: 54.183
```

　　对于高方差、低偏差的估计器（例如决策树）来说，套袋法是一种有用的元算法。事实上，套袋决策树集成因其经常成功地被使用，以至于它拥有了自己的名字：随机森林。森林中树的数量是一个重要的超参数。增加树的数量会提升模型的性能，但同时会消耗昂贵的算力。当树不作为单一估计器而是在森林中被训练时，因为套袋法提供正则化，正则化技巧（例如剪枝法或者对每个叶节点要求训练实例数量最小值）的重要性就会降低。除了套袋法之外，随机森林的学习算法也经常在另一个方面与其他树算法有所不同。回顾前一章的内容，决策树算法（例如 ID3）由信息增益或者基尼不纯度作为衡量方式，通过选择在每个节点上能产出最佳分隔的特征来组织树。对于随机森林来说，算法仅通过每个节点上的一个特征随机样本来选择最佳组织方式。我们使用 scikit-learn 类库训练一个随机森林，如代码 9.2 所示。

### 代码 9.2

```
# In[1]:
from sklearn.tree import DecisionTreeClassifier
from sklearn.ensemble import RandomForestClassifier
from sklearn.datasets import make_classification
from sklearn.model_selection import train_test_split
```

```
from sklearn.metrics import classification_report

X, y = make_classification(
 n_samples=1000, n_features=100, n_informative=20,
 n_clusters_per_class=2,
 random_state=11)
X_train, X_test, y_train, y_test = train_test_split(X, y,
 random_state=11)

clf = DecisionTreeClassifier(random_state=11)
clf.fit(X_train, y_train)
predictions = clf.predict(X_test)
print(classification_report(y_test, predictions))

# Out[1]:
            precision    recall   f1-score    support

        0       0.73      0.66       0.69        127
        1       0.68      0.75       0.71        123

avg / total     0.71      0.70       0.70        250

# In[2]:
clf = RandomForestClassifier(n_estimators=10, random_state=11)
clf.fit(X_train, y_train)
predictions = clf.predict(X_test)
print(classification_report(y_test, predictions))

# Out[2]:
          precision    recall   f1-score   support

       0      0.74       0.83       0.79       127
       1      0.80       0.70       0.75       123

avg / total   0.77       0.77       0.77       250
```

首先，我们使用 make_classification 创建了一个人工分类数据集。这个便捷函数可以细粒度控制它产出的数据集特征。我们创建了一个包含 1000 个实例的数据集。在 100 个特征中，20 个特征是有信息的，余下的特征是有信息特征的冗余结合或者噪声。然后，我们训练、评估了一个决策树，接着又训练了一个包含 10 棵树的随机森林。随机森林的 F1 精准率、召回率和 F1 得分都更好。

## 9.2 推进法

推进法是主要用于减少一个估计器偏差的集成方法家族的一员。推进法能用于分类任务和回归任务中。和套袋法一样，推进法会创建同类估计器的集成。我们对推进法的讨论将集中关注一个流行的推进算法——AdaBoost。

AdaBoost 是一个迭代算法，它在 1995 年由约阿夫·弗罗因德和罗伯特·歇派尔提出。它的名字是单词 **adaptive** 和 **boosting** 的混合。在第一次迭代中，adaBoost 算法给所有的训练实例赋予相等的权重，然后训练一个弱学习器。一个**弱学习器**（或者弱分类器、弱预测器等）只被定义为一个性能仅仅略优于随机因素的估计器，例如只有一个或很少节点的决策树。弱学习器经常是但不一定是简单的模型。相反，一个**强学习器**被定义为：一个绝对优于弱学习器的学习器。大部分推进算法包括 AdaBoost 算法，可以使用任何基础估计器作为一个弱学习器。在后续的迭代中，AdaBoost 算法会增加在前面的迭代中弱学习器预测错误的训练实例的权重，而减少预测正确的训练实例的权重。接着，算法会在重新分配权重的实例上训练另一个弱学习器。后续的学习器会更关注于集成预测错误的实例。当算法达到完美性能时，或者在经过一定次数的迭代之后，算法会停止。集成将会预测出基础估计器预测的权重和。

scikit-learn 类库实现了许多用于分类和回归任务的推进元估计器，包括 AdaBoostClassifier、AdaBoostRegressor、GradientboostingClassifier 和 GradientBoostingRegressor。在下面的例子中，我们将为一个人工数据集训练一个 AdaBoostClassifier 分类器，该数据集由便捷函数 `make_classification` 创建。随着基础估计器数量的增加，我们会绘制出集成的准确率并比较集成和单一决策树的准确率，如代码 9.3 所示。

**代码 9.3**

```
# In[1]:
%matplotlib inline

# In[2]:
from sklearn.ensemble import AdaBoostClassifier
from sklearn.tree import DecisionTreeClassifier
from sklearn.datasets import make_classification
from sklearn.model_selection import train_test_split
import matplotlib.pyplot as plt

X, y = make_classification(
```

```
 n_samples=1000, n_features=50, n_informative=30,
 n_clusters_per_class=3,
 random_state=11)
X_train, X_test, y_train, y_test = train_test_split(X, y, random_state=11)

clf = DecisionTreeClassifier(random_state=11)
clf.fit(X_train, y_train)
print('Decision tree accuracy: %s' % clf.score(X_test, y_test))

# Out[2]:
Decision tree accuracy: 0.688

# In[3]:
# When an argument for the base_estimator parameter is not passed, the
default DecisionTreeClassifier is used
clf = AdaBoostClassifier(n_estimators=50, random_state=11)
clf.fit(X_train, y_train)
accuracies.append(clf.score(X_test, y_test))

plt.title('Ensemble Accuracy')
plt.ylabel('Accuracy')
plt.xlabel('Number of base estimators in ensemble')
plt.plot(range(1, 51), [accuracy for accuracy in clf.staged_score(X_test,
y_test)])
```

代码 9.3 生成如图 9.1 所示的结果。

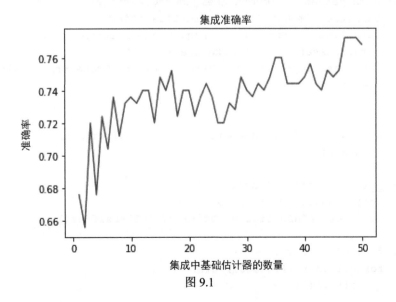

图 9.1

## 9.3 堆叠法

堆叠法是一种创建集成的方法，它使用一个元估计器去合并基础估计器的预测结果。堆叠法有时也被称为**混合法**，会增加第二个监督学习问题：元估计器必须被训练去使用基础估计器的预测结果来预测响应变量的值。为了训练一个堆叠集合，首先需要使用训练集去训练基础估计器。和套袋法以及推进法不同，堆叠法可以使用不同种类的基础估计器。例如，一个随机森林可以和一个逻辑回归分类合并。接下来，基础估计器的预测结果和真实情况会作为元估计器的训练集。元估计器可以在相比投票和平均更复杂的情况下学习合并基础估计器的预测结果。scikit-learn 类库并没有实现堆叠元估计器，但是我们可以扩展 BaseEstimator 类去创建自己的元估计器。在下面的例子中，我们使用一个单一决策树作为元估计器，基础估计器包括一个逻辑回归分类器和一个 KNN 分类器。我们使用类的预测概率作为特征，而不是使用类的预测标签。另外，我们使用 make_classification 函数创建一个人工分类数据集。接着，训练并评估每一个基础估计器。最后，训练并评估集合，它具有更好的准确率。代码如代码 9.4 所示。

**代码 9.4**

```
# In[1]:
import numpy as np
from sklearn.model_selection import train_test_split
from sklearn.neighbors import KNeighborsClassifier
from sklearn.tree import DecisionTreeClassifier
from sklearn.linear_model import LogisticRegression
from sklearn.datasets import make_classification
from sklearn.base import clone, BaseEstimator, TransformerMixin,
    ClassifierMixin


class StackingClassifier(BaseEstimator, ClassifierMixin,
    TransformerMixin):

    def __init__(self, classifiers):
        self.classifiers = classifiers
        self.meta_classifier = DecisionTreeClassifier()

    def fit(self, X, y):
        for clf in self.classifiers:
            clf.fit(X, y)
```

```
        self.meta_classifier.fit(self._get_meta_features(X), y)
        return self

    def _get_meta_features(self, X):
        probas = np.asarray([clf.predict_proba(X) for clf in
            self.classifiers])
        return np.concatenate(probas, axis=1)

    def predict(self, X):
        return self.meta_classifier.predict(self._get_meta_features(X))

    def predict_proba(self, X):
        return
self.meta_classifier.predict_proba(self._get_meta_features(X))


X, y = make_classification(
    n_samples=1000, n_features=50, n_informative=30,
    n_clusters_per_class=3,
    random_state=11)
X_train, X_test, y_train, y_test = train_test_split(X, y,
    random_state=11)

lr = LogisticRegression()
lr.fit(X_train, y_train)
print('Logistic regression accuracy: %s' % lr.score(X_test,
    y_test))

knn_clf = KNeighborsClassifier()
knn_clf.fit(X_train, y_train)
print('KNN accuracy: %s' % knn_clf.score(X_test, y_test))

# Out[1]:
Logistic regression accuracy: 0.816
KNN accuracy: 0.836

# In[2]:
base_classifiers = [lr, knn_clf]
stacking_clf = StackingClassifier(base_classifiers)
stacking_clf.fit(X_train, y_train)
print('Stacking classifier accuracy: %s' % stacking_clf.score(X_test,
y_test))
```

```
# Out[2]:
Stacking classifier accuracy: 0.852
```

## 9.4 小结

在本章中，我们介绍了集成方法。一个集成方法是模型的结合，其性能要优于任意一个其中的组件。我们讨论了 3 种训练集成的方法。自发聚集或者套袋法，可以减小一个估计器的方差。套袋法使用自发重采样来创建多个训练集变体。在这些变体上训练的模型的预测值将会被平均。套袋决策树被称为随机森林。推进法是一种能减少基础估计器偏差的集成元估计器。AdaBoost 算法是一种流行的推进算法，它迭代地在训练数据上训练估计器，训练数据的权重将会根据前一个估计器的误差进行调整。最后，在堆叠法中，一个元估计器可以学习去合并异类基础估计器的预测结果。

# 第 10 章
# 感知机

在之前的章节中，我们讨论了诸如多元线性回归和逻辑回归这样的线性模型。在本章中，我们将介绍另一种叫作**感知机**的线性模型，它可用于二元分类任务。尽管如今感知机几乎不被使用，但是理解它的原理和局限性对于我们理解后面章节中即将讨论的模型却至关重要。

## 10.1　感知机

感知机于 20 世纪 50 年代后期在康奈尔大学航空实验室中由弗兰克·罗森布拉特发明，研究人员对模拟人类大脑所做的努力激励了感知机最初的发展。大脑由**神经元**细胞（用于处理信息）以及神经元之间的连接体**突触**（用于传递信息）组成。据估计人类的大脑中包含多达 100 亿个神经元和 100 兆个突触。如图 10.1 所示，一个神经元的主要组成部分包括树突、细胞体和轴突。树突接受来自其他神经元的点信号。信号在神经元细胞体内进行处理，然后通过轴突传递到下一个神经元。

一个独立的神经元可以视作一个计算单元，它能处理一个或者多个输入并产生一个输出结果。一个感知机函数类似一个神经元，它接受一个或者多个输入，进行处理然后返回一个输出结果。如此看来，和人类大脑中数千亿个神经元结构相比，只能模拟一个神经元原理的感知机模型作用非常有限。从某种程度上来说的确如此，许多函数并不能由感知机模型逼近。然而，基于以下两个原因我们依然需要对感知机进行讨论。首先，感知机能够在线学习，学习算法可以使用单个训练实例更新模型的参数而无需批量训练实例。对于那些体积过大而无法在内存中存储的训练数据集，在线学习非常有用。其次，理解感知机的原理和局限性对于理解在后面章节中将讨论的模型来说很有必要，包括支持向量机和人工神经网络。感知机的可视化表示如图 10.2 所示。

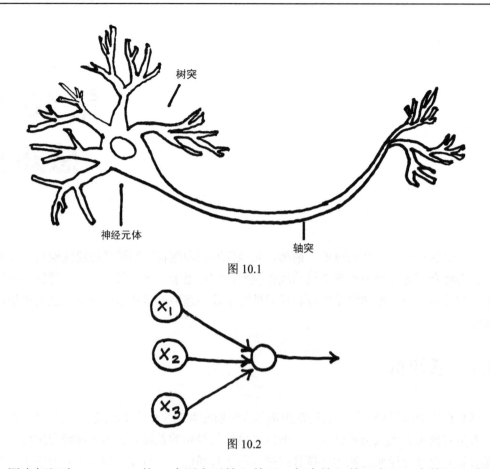

树突

神经元体

轴突

图 10.1

图 10.2

　　图中标记为 $x_1$、$x_2$、$x_3$ 的 3 个圆表示输入单元。每个输入单元表示一个特征。感知机经常使用一个额外的输入单元表示偏差常量，但是这个输入单元通常不会出现在图表中。中心的圆是计算单元或者神经元体。从输入单元指向计算单元的边可以视为神经元的树突。每条边都和一个参数（或称为权重）相关联。这些参数易于解释，一个和正相关类关联的特征的权重为正，一个和负相关类关联的特征权重为负。从计算单元输出的边返回计算结果，可以视为神经元细胞的轴突。

## 10.1.1　激活函数

　　感知机通过激活函数处理特征和模型参数的线性组合来对实例进行分类，如公式 10.1 所示：

$$y = \phi\left(\sum_{i=1}^{n} w_i x_i + b\right) \qquad \text{（公式 10.1）}$$

$w_i$ 代表模型参数，$b$ 是一个误差项常数，$\phi$ 代表激活函数。参数和输入的线性组合有时也被称作**预激活**。有几个不同的激活函数经常被使用。罗森布拉特在最初的感知机中使用**海维赛德阶跃函数**作为激活函数。如公式 10.2 所示，海维赛德阶跃函数也被称为**单元阶跃函数**，公式中 $x$ 代表特征的组合：

$$g(x) = \begin{cases} 1, & x > 0 \\ 0, & \text{其他} \end{cases} \qquad \text{（公式 10.2）}$$

如果特征和误差项的权重求和结果大于 0，激活函数将返回 1，感知机会预测实例属于正向类。反之如果激活函数返回 0，感知机预测实例属于负向类。海维赛德阶跃函数如图 10.3 所示。

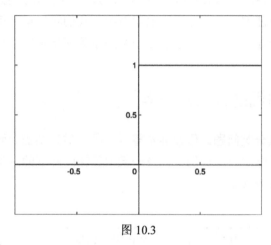

图 10.3

另一种常用的激活函数是逻辑 S 型曲线函数，如公式 10.3 所示：

$$g(x) = \frac{1}{1 + e^{-x}} \qquad \text{（公式 10.3）}$$

公式中 $x$ 是输入项目的权重求和结果。和单元阶跃函数不同，逻辑 S 型曲线函数是可导函数。当我们讨论人工神经网络的时候导数将变得非常重要。

## 10.1.2　感知机学习算法

感知机学习算法一开始将权重值设置为 0，或者很小的随机值。然后开始对训练实例进行分类预测。感知机是一种误差驱动的学习算法，如果预测正确，感知机算法将继续预测下一个实例。如果预测错误，算法将更新权重值。具体权重更新公式如公式 10.4 所示：

$$w_i(t+1) = w_i(t) + \alpha(d_j - y_j(t))x_{j,i}, \quad \text{对所有特征 } 0 \leqslant i \leqslant n. \quad \text{（公式 10.4）}$$

对每个训练实例，每个特征的参数值按照公式 $\alpha(d_j - y_j(t))x_{j,i}$ 增加，$d_j$ 代表实例 $j$ 真正的类，$y_j(t)$ 是实例 $j$ 的预测类，$x_{j,i}$ 是实例 $j$ 的第 $i^{th}$ 个特征，$\alpha$ 是控制学习速率的超参数。如果预测结果正确，$d_j - y_j(t)$ 的结果为 0，则 $\alpha(d_j - y_j(t))x_{j,i})$ 等于 0。也就是说，如果预测结果正确，权重不会发生更新，如果预测结果错误，则求出 $d_j - y_j(t)$ 的特征值和学习速率的乘积，并将乘积结果（可能为负数）加到当前权重参数上。

上述的更新规则和梯度下降更新规则类似，权重参数向实例正确分类的方向进行调整，同时更新的尺度由学习速率控制。每遍历一遍所有的训练实例称之为一个**训练周期**（**epoch**）。如果学习算法在一个训练周期内对所有的训练实例分类正确，则达到收敛状态。学习算法并非一定保证能够收敛，在后面的章节中，我们将讨论不可能达到收敛状态的线性不可分数据集。正因如此，学习算法需要一个超参数来指定算法终止之前能够完成的最大可训练周期数。

## 10.1.3　使用感知机进行二元分类

下面来看一个玩具分类问题。假设你希望区分成年猫和幼猫。而数据集中只有两个响应变量：一天中猫咪睡觉的时间比例，以及一天中猫咪闹脾气的时间比例。数据集包含 4 个训练实例，如表 10.1 所示。

表 10.1

| 实例 | 一天中睡觉的时间比例 | 一天中闹脾气的时间比例 | 幼猫还是成年猫 |
| --- | --- | --- | --- |
| 1 | 0.2 | 0.1 | 幼猫 |
| 2 | 0.4 | 0.6 | 幼猫 |
| 3 | 0.5 | 0.2 | 幼猫 |
| 4 | 0.7 | 0.9 | 成年猫 |

如图 10.4 所示，所有实例的散点图表明训练数据集是线性可分的。我们的目标是训练一个能使用两个实值变量对动物进行分类的感知机。我们将幼猫表示为正向类，成年猫表示为负向类。我们的感知机有 3 个输入单元。x_1 表示误差项的输入单元，x_2 和 x_3 分别是两个特征的输入单元，计算单元使用单元阶跃函数作为激活函数。在这个例子中，我

们将最大可训练周期数设置为 10，如果算法在 10 个训练周期内不收敛，学习算法将停止并返回权重系数的当前值。为了简单起见，我们把学习速率设置为 1，同时把初始权重系数均设置为 0。第一个训练周期的情况如表 10.2 所示。

表 10.2

| 实例 | 初始权重系数; x; 激活函数结果 | 预测值，目标值 | 是否正确 | 更新后的权重值 |
|---|---|---|---|---|
| 0 | 0, 0, 0;<br>1.0, 0.2, 0.1;<br>1.0 * 0 + 0.2 * 0 + 0.1 * 0 = 0.0; | 0, 1 | 错误 | 1.0, 0.2, 0.1 |
| 1 | 1.0, 0.2, 0.1;<br>1.0, 0.4, 0.6;<br>1.0 * 1.0 + 0.4 * 0.2 + 0.6 * 0.1 = 1.14; | 1, 1 | 正确 | 不更新 |
| 2 | 1.0, 0.2, 0.1;<br>1.0, 0.5, 0.2;<br>1.0 * 1.0 + 0.5 * 0.2 + 0.2 * 0.1 = 1.12; | 1, 1 | 正确 | 不更新 |
| 3 | 1.0, 0.2, 0.1;<br>1.0, 0.7, 0.9;<br>1.0 * 1.0 + 0.7 * 0.2 + 0.9 * 0.1 = 1.23; | 1, 0 | 错误 | 0, −0.5, −0.8 |

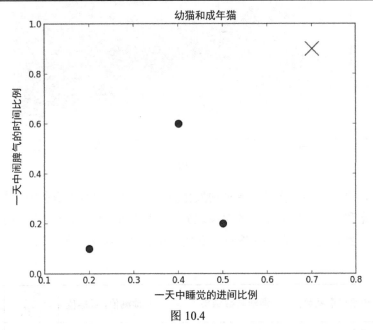

图 10.4

开始时所有的权重系数均为 0。第一个实例的特征权重和为 0，激活函数的输出为 0，感知机错误地把幼猫预测为成年猫。由于预测结果错误，根据更新规则去更新权重系数。我们为每个权重系数增加学习速率(1)、真实标签和预测标签(1)的差值以及对应特征的乘积。

接下来到第二个训练实例，我们使用更新后的权重系数计算出特征权重和等于 1.14，因此激活函数的输出为 1。这个预测结果是正确的，因此无需更新权重系数值继续到第 3 个实例。第 3 个训练实例的预测结果也是正确的，因此继续到第 4 个训练实例。第 4 个训练实例的特征权重和为 1.23，激活函数的输出结果为 1，预测结果错误地把成年猫预测为幼猫。由于预测结果错误，我们为每个权重系数增加学习速率、真实标签和预测标签的差值以及对应特征的乘积。此时我们已经对训练数据集中所有训练实例进行了分类，完成了第一个训练周期。图 10.5 描绘出了第一个训练周期之后的决策边界。

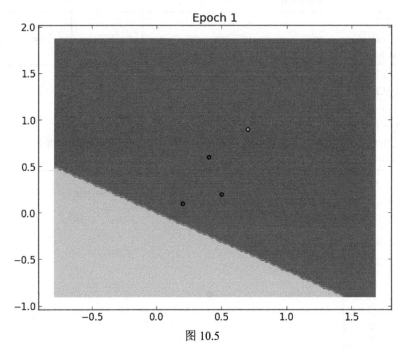

图 10.5

需要注意，决策边界会在训练周期内发生移动，训练周期结束时由权重系数形成的决策边界并不一定和训练周期初始时的决策边界产出同样的预测结果。由于还没有达到最大可训练周期数，我们继续对训练实例进行迭代。第 2 个训练周期的情况如表 10.3 所示。

表 10.3

| 实例 | 初始权重系数值; x; 激活函数结果; | 预测值，目标值 | 是否正确 | 更新后的权重系数 |
|---|---|---|---|---|
| 0 | 0, −0.5, −0.8;<br>1.0, 0.2, 0.1;<br>1.0 * 0 + 0.2 * −0.5 + 0.1 * −0.8 = −0.18; | 0, 1 | 错误 | 1, −0.3, −0.7 |

续表

| 实例 | 初始权重系数值; x; 激活函数结果; | 预测值, 目标值 | 是否正确 | 更新后的权重系数 |
|---|---|---|---|---|
| 1 | 1, −0.3, −0.7;<br>1.0, 0.4, 0.6;<br>1.0 * 1.0 + 0.4 * −0.3 + 0.6 * −0.7 = 0.46; | 1,1 | 正确 | 1, −0.3, −0.7 |
| 2 | 1, −0.3, −0.7;<br>1.0, 0.5, 0.2;<br>1.0 * 1.0 + 0.5 * −0.3 + 0.2 * −0.7 = 0.71; | 1, 1 | 正确 | 1, −0.3, −0.7 |
| 3 | 1, −0.3, −0.7;<br>1.0, 0.7, 0.9;<br>1.0 * 1.0 + 0.7 * −0.3 + 0.9 * −0.7 = 0.16; | 1, 0 | 错误 | 1, −1, −1.6 |

　　第 2 个训练周期开始使用的是第一个训练周期结束后的权重系数。在第 2 个训练周期中模型对两个训练实例分类错误，因此权重系数发生两次更新。但是如图 10.6 所示，第 2 个训练周期结束后的决策边界和第一个训练周期结束后的训练边界很类似。

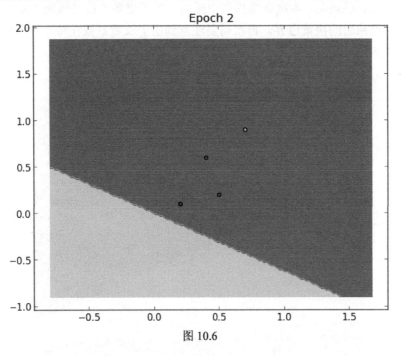

图 10.6

　　算法在该训练周期内没有收敛，因此训练继续进行。表 10.4 描述了第 3 个训练周期的情况。

表 10.4

| 实例 | 初始权重系数值; x; 激活函数结果; | 预测值, 目标值 | 是否正确 | 更新后的权重系数 |
|---|---|---|---|---|
| 0 | 0, −1, −1.6;<br>1.0, 0.2, 0.1;<br>1.0 * 0 + 0.2 * −1.0 + 0.1 * −1.6 = −0.36; | 0, 1 | 错误 | 1, −0.8, −1.5 |
| 1 | 1, −0.8, −1.5;<br>1.0, 0.4, 0.6;<br>1.0 *1.0 + 0.4 * −0.8 + 0.6 * −1.5 = −0.22; | 0, 1 | 错误 | 2, −0.4, −0.9 |
| 2 | 2, −0.4, −0.9;<br>1.0, 0.5, 0.2;<br>1.0 * 2.0 + 0.5 * −0.4 + 0.2 * −0.9 = 1.62; | 1, 1 | 正确 | 2, −0.4, −0.9 |
| 3 | 2, −0.4, −0.9;<br>1.0, 0.7, 0.9;<br>1.0 * 2.0 + 0.7 * −0.4 + 0.9 * −0.9 = 0.91; | *1, 0 | 错误 | 1, −1.1, −1.8 |

相比上一个训练周期，本次训练周期中感知机做了更多的错误预测。图 10.7 描绘了第 3 次训练周期结束后的决策边界。再次需要注意到由于权重系数在每个训练实例分类后进行了更新，决策边界发生了变化。

图 10.7

感知机在第 4 个、第 5 个训练周期后继续更新权重系数，同时也继续对训练实例进行错误预测。在第 6 个训练周期中，感知机对所有的训练实例做出了正确的预测，此时感知机收敛于一个能区分两个类的权重系数集。表 10.5 描述了第 6 个训练周期内的情况。

表 10.5

| 实例 | 初始权重系数值; x; 激活函数结果; | 预测值，目标值 | 是否正确 | 更新后的权重系数 |
|---|---|---|---|---|
| 0 | 2, −1, −1.5;<br>1.0, 0.2, 0.1;<br>1.0 * 2 + 0.2 * −1 + 0.1 * −1.5 = 1.65; | 1, 1 | 正确 | 2, −1, −1.5 |
| 1 | 2, −1, −1.5;<br>1.0, 0.4, 0.6;<br>1.0 * 2 + 0.4 * −1 + 0.6 * −1.5 = 0.70; | 1, 1 | 正确 | 2, −1, −1.5 |
| 2 | 2, −1, −1.5;<br>1.0, 0.5, 0.2;<br>1.0 * 2 + 0.5 * −1 + 0.2 * −1.5 = 1.2; | 1, 1 | 正确 | 2, −1, −1.5 |
| 3 | 2, −1, −1.5;<br>1.0, 0.7, 0.9;<br>1.0 * 2 + 0.7 * −1 + 0.9 * −1.5 = −0.05; | 0, 0 | 正确 | 2, −1, −1.5 |

第 6 个训练周期结束后的决策边界如图 10.8 所示。

Epoch 6

图 10.8

图 10.9 展示了前 5 个训练周期决策边界的变化情况。

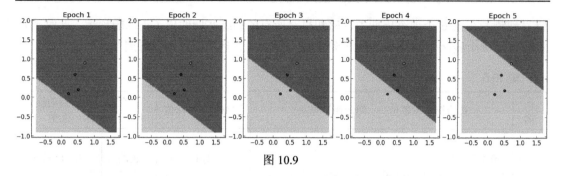

图 10.9

## 10.1.4　使用感知机进行文档分类

　　和其他估计器一样，Perceptron 类实现了 fit 方法和 predict 方法，同时可以通过构造函数指定超参数。Perceptron 类还实现了 partial_fit 方法，该方法允许分类器进行增量训练。

　　在下面的例子中，我们训练一个感知机对来自 20Newsgroups 数据集的文档进行分类。该数据集包含了来自 20 个 Usenet 新闻组①约 20000 份文档样本。该数据集常被用于文档分类和聚类实验，scikit-learn 类库甚至提供了一个便捷函数用于下载和读取数据集。我们将训练一个感知机对来自 3 个新闻组的文档进行分类，它们分别是 rec.sports.hockey 新闻组、rec.sports.baseball 新闻组以及 rec.auto 新闻组。感知机使用"一对多"的策略来为训练数据中的每个类训练分类器，以此来进行多类别分类。在代码 10.1 中我们将文档表示为 tf-idf 加权的词袋（bag-of-words）。在内存有限的环境中，partial_fit 方法和 HashingVectorizer 类可以结合使用来训练大型数据集或者流式数据集。代码 10.1 如下所示。

**代码 10.1**

```
# In[1]:
from sklearn.datasets import fetch_20newsgroups
from sklearn.feature_extraction.text import TfidfVectorizer
from sklearn.linear_model import Perceptron
from sklearn.metrics import f1_score, classification_report

categories = ['rec.sport.hockey', 'rec.sport.baseball',
   'rec.autos']
newsgroups_train = fetch_20newsgroups(subset='train',
```

_____

① 译者注：**Usenet** 是一种分布式的互联网交流系统，Usenet 包含众多新闻组，它是新闻组（异于传统、新闻指交流、信息）及其消息的网络集合。

```
        categories=categories, remove=('headers', 'footers', 'quotes'))
newsgroups_test = fetch_20newsgroups(subset='test',
    categories=categories, remove=('headers', 'footers', 'quotes'))

vectorizer = TfidfVectorizer()
X_train = vectorizer.fit_transform(newsgroups_train.data)
X_test = vectorizer.transform(newsgroups_test.data)
clf = Perceptron(random_state=11)
clf.fit(X_train, newsgroups_train.target )
predictions = clf.predict(X_test)
print(classification_report(newsgroups_test.target, predictions))

# Out[1]:
                precision     recall   f1-score    support

            0       0.81        0.92       0.86        396
            1       0.87        0.76       0.81        397
            2       0.86        0.85       0.86        399
avg / total         0.85        0.84       0.84       1192
```

首先我们使用 `fetch20newsgroups` 函数下载和读取数据集。和其他的内建数据集保持一致，这个函数也返回一个包含 data、target 和 targetnames 属性的对象。同时我们指定移除文档的页眉、页脚和引用部分。每个新闻组在页眉和页脚部分使用不同的约定格式，保留这些部分可以使手工分类文档变得简单。我们使用 TfidfVectorizer 类生成 tf-idf 向量来训练感知机，并在测试数据集上对模型进行评估。在没有超参数优化的情况下，感知机的平均准确率、召回率以及 F1 得分均为 0.84。

## 10.2 感知机的局限性

感知机使用一个超平面区分正向类和负向类。一个线性不可分的分类问题的简单例子是逻辑异或函数（或称 XOR）。当一个输入为 1，另一个输入为 0 时，XOR 的输出结果为 1，其余情况输出结果为 0。XOR 的输入和输出结果在二维平面上的绘图结果如图 10.15 所示。当 XOR 的输出结果为 1 时，实例标记为一个圆形；当 XOR 的输出结果为 0 时，实例标记为一个菱形。如图 10.10 所示，仅用一根直线无法把圆形和菱形分开。

假设实例是钉在一块平板上的钉子。如果围绕两个正向类实例拉伸一根橡皮筋，同时围绕两个负向类实例拉伸一根橡皮筋，两根橡皮筋会在平板中间发生交叉。这些橡皮筋代表**凸包**，或者包含集合内所有点以及在集合内连接一对点的任何直线上的所有点的包络线。相比低维度空间，特征在高维度空间中的表示更有可能是线性可分的。例如，当使用词包这样的高维度空间表示方法时，文本分类问题更趋近于线性可分。

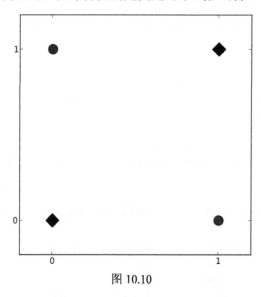

图 10.10

在后面两个章节中，我们将讨论能够用于对线性不可分模型数据进行建模的技巧。第 1 个技巧称为**核化**，它将线性不可分的数据投影到能够使其线性可分的高维度空间。核化能够用于许多模型（包括感知机），但是它与支持向量机尤其相关。我们将在下一章中讨论支持向量机。第 2 个技巧是创建一个由感知机组成的有向图，最终形成的模型称为**人工神经网络（ANN）**，它也是一个通用的函数逼近器。我们将在第 12 章中讨论人工神经网络。

## 10.3  小结

在本章中，我们讨论了感知机。受神经细胞原理的启发的感知机是用于二元分类的线性模型。感知机通过处理实例特征和权重系数的线性组合，并根据激活函数的输出结果来对实例进行分类。虽然使用逻辑 S 型曲线激活函数的感知机模型和逻辑回归模型相同，但是感知机在学习其权重系数时使用了一种在线的、误差驱动的算法。感知机可以有效地用于多种问题。和我们讨论过的其他线性分类器一样，感知机使用一个超平面把实例分为正向类和负向类。然而一些数据集并不是线性可分的，也就是说任何超平面都不能正确地将所有实例进行分类。

在后面的章节中，我们将讨论两个可以用于线性不可分数据集的模型：1. ANN，通过一个由感知机组成的图来创建一个通用函数逼近器；2. 支持向量机，将数据投影到更高维度空间使其变为线性可分。

# 第 11 章
# 从感知机到支持向量机

在前一章中，我们介绍了感知机，并描述了为什么它不能有效地对线性不可分数据进行分类。回想一下，当我们在讨论多元线性回归时遇到过一个相似的问题：我们需要检测一个响应变量和解释变量线性不相关的数据集。为了提升模型的准确率，我们介绍了一个称之为**多项式回归**的多元线性回归的特殊形式。在创建了合成特征之后，便可以对响应变量和更高维度的特征空间中的特征之间的线性关系进行建模。

当使用线性模型逼近非线性模型时，增加特征空间的维度虽然似乎是一种有效的技巧，然而它也带来了两个相关问题。第 1 个问题是计算问题，计算映射特征和计算更大的向量会需要更多的算力。第 2 个问题涉及模型的泛化能力，增加特征表示的维度会加剧维度诅咒的程度。为了避免拟合，从高维度特征表示中学习需要的训练数据将会呈指数增长。

在本章中，我们将讨论一种称为**支持向量机（SVM）**，用于分类和回归的强大判别模型。首先我们将重新考虑把特征映射到更高维度的空间。接着我们将讨论支持向量机如何去缓和从映射到高维空间的数据中学习时遇到的计算问题和泛化问题。已经有很多书致力于描述支持向量机，同时描述用于支持向量机的优化算法，这需要使用比前面章节更高级的数学方法。和前面章节中详细地解释简单例子不同，我们将尝试建立一种支持向量机如何运行的直觉，以便更有效地使用 scikit-learn 类库。

## 11.1　核与核技巧

回顾一下，感知机使用一个超平面作为决策边界来区分正向实例和负向实例。决策边界由公式 11.1 所示：

$$f(x) = <w, x> + b \qquad （公式 11.1）$$

使用公式 11.2 进行预测：

$$h(x) = \text{sign}(f(x)) \tag{公式 11.2}$$

 注意，我们之前将内积$<w, x>$表示为 $w^\mathrm{T}x$。为了与 SVM 中使用的符号约定保持一致，我们将在本章内容中继续使用前面提到的表示法。

尽管这超出了本章的范围，但我们可以用另一种方式来表示模型。公式 11.3 所表示的模型称之为**对偶形式**，之前使用的表示方法称之为**原始形式**。

$$f(x) = \langle w, x \rangle + b = \sum \alpha_i y_i \langle x_i, x \rangle + b \tag{公式 11.3}$$

原始形式和对偶形式之间最大的不同在于，原始形式计算了模型参数和测试实例特征向量的内积，而对偶形式计算了训练实例和测试实例特征向量的内积。很快我们就会通过对偶形式的这个特性来处理线性不可分类。首先，我们需要把特征映射到更高维度空间的定义进行形式化。

在第 5 章的 5.2 节中，我们将特征映射到了一个更高维度的空间中，在该空间中特征与响应变量线性相关。映射通过创建原有特征的二次项增加了特征的数量。这些合成特征允许我们使用一个线性模型来表示一个非线性模型。总的来说，一个映射应该如公式 11.4 所示：

$$x \to \phi(x)$$
$$\phi : R^d \to R^D \tag{公式 11.4}$$

如图 11.1 所示，左边的图表示一个线性不可分数据集的原特征空间，右边的图表示在映射到一个更高维度空间之后，数据变得线性可分：

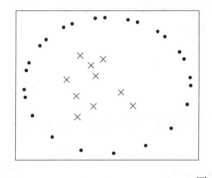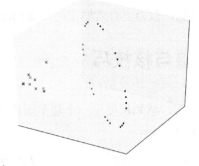

图 11.1

现在让我们回到决策边界的对偶形式，可以看到特征向量只会出现在点积中。我们可以通过在特征向量上执行映射来把数据映射到一个更高维度的空间中，如公式 11.5 和 11.6 所示：

$$f(x) = \sum \alpha_i y_i \langle x_i, x \rangle + b \qquad \text{（公式 11.5）}$$

$$f(x) = \sum \alpha_i y_i \langle \phi(x_i), \phi(x) \rangle + b \qquad \text{（公式 11.6）}$$

如前面所述，映射操作让我们可以表示更复杂的模型，但是也引入了计算问题和泛化问题。对特征向量进行映射和计算特征向量的点积需要大量的处理能力。

如公式 11.5 所示，尽管我们把特征向量映射到了一个更高维度的空间中，特征向量仍然只出现在点积计算中。点积的计算结果是一个标量，一旦这个标量被计算出来，我们将不再需要映射后的特征向量。如果能用一种不同的方法求出和映射后向量点积相同的标量，我们就能省去计算点积和对特征向量进行映射的大量工作。

幸运的是，有一种方法叫作**核技巧**。一个核是这样一种函数，只要给定了原始特征向量，就能返回和其相关的映射特征向量相同的点积值。核并不会直接把特征向量映射到一个更高维度的空间，或者计算映射向量的点积。核通过一系列不同的操作来产出相同的值，这些操作通常可以得到更有效的计算。公式 11.7 是对核更加正式的定义：

$$K(x, z) = \langle \phi(x), \phi(z) \rangle \qquad \text{（公式 11.7）}$$

下面来证明核是如何运行的。假设我们有两个特征向量 $x$ 和 $z$，如公式 11.8 所示：

$$\begin{aligned} x &= (x_1, x_2) \\ z &= (z_1, z_2) \end{aligned} \qquad \text{（公式 11.8）}$$

在模型中，我们希望使用公式 11.9 将特征向量映射到更高维度的空间：

$$\phi(x) = (x_1^2, x_2^2, \sqrt{2} x_1 x_2) \qquad \text{（公式 11.9）}$$

因此，映射标准化后的特征向量的点积如公式 11.10 所示：

$$\langle \phi(x), \phi(z) \rangle = \langle (x_1^2, x_2^2, \sqrt{2} x_1 x_2), (z_1^2, z_2^2, \sqrt{2} z_1 z_2) \rangle \qquad \text{（公式 11.10）}$$

公式 11.11 中定义的核函数能产出和映射特征向量点积相等的值：

$$K(x,z) = \langle x,z \rangle^2 = (x_1 z_1 + x_2 z_2)^2 = x_1^2 z_1^2 + 2x_1 z_1 x_2 z_2 + x_2^2 z_2^2$$
$$K(x,z) = \langle \phi(x), \phi(z) \rangle$$

（公式 11.11）

下面我们使用真实值来让下面的示例 11.1 更具说服力：

$$x = (4,9)$$
$$x = (3,3)$$
$$K(x,z) = 4^2 \times 3^2 + 2 \times 4 \times 3 \times 9 \times 3 + 9^2 \times 3^2 = 1521$$
$$\langle \phi(x), \phi(z) \rangle = \langle (4^2, 9^2, \sqrt{2} \times 4 \times 9), (3^2, 3^2, \sqrt{2} \times 3 \times 3) \rangle = 1521$$

（示例 11.1）

核函数 $K(x,z)$ 生成了和映射向量点积 $\langle \phi(x), \phi(z) \rangle$ 计算结果相等的值，但是它并没有显式地把特征向量映射到高维空间，并只需要相对较少的数学运算。示例 11.1 中只使用了二维向量。然而即使是只有少量特征的数据集也会产生巨大维度的映射特征空间。scikit-learn 类库提供了一些常用的核函数，包括多项式核、S 型核、高斯核以及线性核。多项式核如公式 11.12 所示：

$$K(x,x') = (\gamma \langle x - x' \rangle + r)^k$$

（公式 11.12）

平方核或者 $k$ 等于 2 的多项式核，经常被用于自然语言处理。S 型核如公式 11.13 所示。$\gamma$ 和 $r$ 都是能在交叉验证中进行微调的超参数。

$$K(x,x') = \tanh(\gamma \langle x - x' \rangle + r)$$

（公式 11.13）

对于需要用非线性模型处理的问题来说，高斯核是第一优先选择。高斯核是一个**径向基函数**。映射特征向量空间中作为决策边界的超平面和原空间中作为决策边界的超平面类似。由高斯核产出的特征空间可以拥有无限维度，这是其他特征空间不可能具有的特性。高斯核函数的定义如公式 11.14 所示：

$$K(x,x') = \exp(-\gamma |x - x'|^2)$$

（公式 11.14）

使用 SVM 时对特征进行缩放是很重要的，但是在使用高斯核时特征缩放却尤为重要。选择核函数非常有挑战。在理想情况下，一个核函数能通过某种对任务有效的方式衡量实例之间的相似性。虽然核函数经常和 SVM 一起使用，但是它也能和任何能够被表示为两个特征向量点积的模型一起使用，包括逻辑回归、感知机以及**主成分分析（PCA）**。在下一节内容中，我们将解决由映射到高维度空间带来的第二个问题：泛化问题。

## 11.2　最大间隔分类和支持向量

　　图 11.2 描绘了两个线性可分类的实例和 3 个可能的决策边界。所有的决策边界都区分了训练实例中的正向类和训练实例中的负向类，一个感知机就可以通过学习产出任意一个决策边界。哪一个决策边界最可能在测试数据上有最佳性能呢？

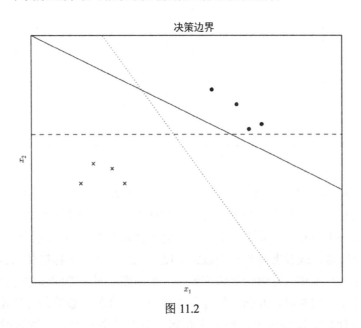

图 11.2

　　从图 11.2 可以看出，根据直觉，点线决策边界应该是最优的。实线决策边界太靠近正向类实例。如果测试集中包含一个略小于第一个解释变量 $x_1$ 的正向类实例，这个实例很可能会被错误分类。虚线决策边界距离大多数的训练实例太远，但是却很靠近一个正向类实例和一个负向类实例。

　　图 11.3 提供了一种不同的角度来评估决策边界。假设图中的线是一个逻辑回归分类器的决策边界。标记为 A 的实例远离决策边界，它有很高的概率被预测为正向类。标记为 B 的实例仍然被预测为属于正向类，但是实例越靠近决策边界被预测为正向类的概率机会越低。最后，标记为 C 的实例有很低的概率被预测为正向类，即使是训练数据的一个微小变化也会导致预测类发生变化。最可信的预测是远离决策边界的训练实例，因此我们可以使用其函数间隔来评估预测的可信度。训练集的函数间隔如公式 11.15 所示：

$$funct = \min y_i f(x_i)$$
$$f(x) = \langle w, x \rangle + b$$

（公式 11.15）

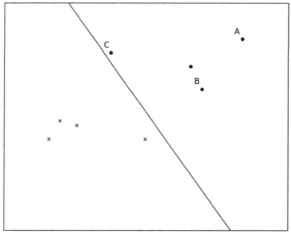

图 11.3

在公式 11.13 中，$y_i$ 是实例的真实类。实例 A 的函数间隔很大，实例 C 的函数间隔很小。如果 C 分类错误，函数间隔将为负值。函数间隔等于 1 的实例称为支持向量。这些实例足够用来定义决策边界，因此不需要使用其他实例来对测试实例进行预测。和函数间隔相关联的有几何间隔，或者支持向量的最大宽度。几何间隔等于标准化函数间隔，由于函数间隔能通过 $w$ 进行缩放（这对于训练来说是一个问题）对函数间隔进行标准化非常有必要。当 $w$ 是一个单位向量时，几何间隔等于函数间隔。我们可以将最佳决策边界正式定义为具有最大几何间隔的决策边界。最大化几何间隔的模型参数可以通过对约束优化问题 11.16 求解得出：

$$\min \frac{1}{2} \langle w, w \rangle$$

满足：
$$y_i(\langle w_i x_i \rangle + b) \geqslant 1$$

（公式 11.16）

SVM 的一个有用的特性是公式 11.16 优化问题是一个凸优化问题，它的局部最小值也是全局最小值。虽然其证明过程超出了本书的范围，但是前面提到的优化问题可以表示为模型的对偶形式以适应核函数，如公式 11.17 所示：

$$W(\alpha) = \sum_i \alpha_i - \frac{1}{2} \sum_{i,j} \alpha_i \alpha_j y_i y_j K(x_i, x_j)$$

满足：
$$\sum_{i=1}^{n} y_i \alpha_i = 0$$

满足：
$$\alpha_i \geqslant 0 \qquad\qquad （公式 11.17）$$

找出使几何间隔最大化的参数是一个二次规划问题，该问题通常使用**序列最小优化算法（SMO）**解决。SMO 算法将优化问题分解成为一系列尽可能最小的子问题，然后可以被分析解决。

# 11.3　用 scikit-learn 分类字符

让我们将 SVM 运用于一个分类问题。近些年来，SVM 已经成功地运用于字符识别任务中。对于一张图片，分类器必须预测图片描绘的字符。字符识别是许多光学字符识别系统的一个组件。当原始像素强度作为特征使用时，即使是很小的图片也需要进行高维度表示。如果类别线性不可分，必须要映射到更高维度空间，特征空间的维度会变得更大。幸运的是，SVM 非常适合有效地处理这些数据。首先我们将使用 scikit-learn 类库训练一个 SVM 来识别手写数字。然后我们将解决一个更具挑战性的问题：识别照片中出现的字母数字字符。

## 11.3.1　手写数字分类

**混合美国标准和技术研究所（MNIST）**数据集是一个包含 70000 张手写数字图片的集合，这些数字样本来自于美国人口普查局的雇员和美国高校学生书写的文档。这些图片是灰度图片，尺寸为 28 像素 × 28 像素。让我们使用代码 11.1 来查看其中一些图片。

代码 11.1

```
# In[1]:
import matplotlib.pyplot as plt
from sklearn.datasets import fetch_mldata
import matplotlib.cm as cm

mnist = fetch_mldata('MNIST original', data_home='data/mnist')


counter = 1
for i in range(1, 4):
    for j in range(1, 6):
        plt.subplot(3, 5, counter)
        plt.imshow(mnist.data[(i - 1) * 8000 + j].reshape((28,
```

```
             28)), cmap=cm.Greys_r)
        plt.axis('off')
        counter += 1
plt.show()
```

首先我们加载了数据。scikit-learn 类库提供了便捷函数 fetch_mldata 用于当数据集没有在磁盘中存储时下载数据集，并将数据集读取到一个对象中。接着，我们为数字 0、1 和 2 创建了一个包含 5 个实例的子图。代码运行结果如图 11.4 所示。

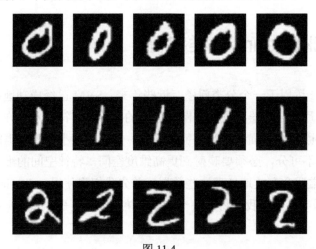

图 11.4

MNIST 数据集被分为一个包含 60000 张图片的训练集和一个包含 10000 张图片的测试集。该数据集经常用于评估各种各样的机器学习模型，它非常受欢迎的原因是几乎不需要进行任何预处理工作。让我们使用 scikit-learn 类库来创建一个能预测图片中描绘的数字的分类器，如代码 11.2 所示。

**代码 11.2**

```
# In[2]:
from sklearn.pipeline import Pipeline
from sklearn.preprocessing import scale
from sklearn.model_selection import train_test_split
from sklearn.svm import SVC
from sklearn.model_selection import GridSearchCV
from sklearn.metrics import classification_report

if __name__ == '__main__':
    X, y = mnist.data, mnist.target
    X = X/255.0*2 - 1
    X_train, X_test, y_train, y_test = train_test_split(X, y,
```

```
        random_state=11)

    pipeline = Pipeline([
        ('clf', SVC(kernel='rbf', gamma=0.01, C=100))
    ])

    parameters = {
        'clf__gamma': (0.01, 0.03, 0.1, 0.3, 1),
        'clf__C': (0.1, 0.3, 1, 3, 10, 30),
    }

    grid_search = GridSearchCV(pipeline, parameters, n_jobs=2,
        verbose=1, scoring='accuracy')
    grid_search.fit(X_train[:10000], y_train[:10000])
    print('Best score: %0.3f' % grid_search.best_score_)
    print('Best parameters set:')
    best_parameters = grid_search.best_estimator_.get_params()
    for param_name in sorted(parameters.keys()):
        print('\t%s: %r' % (param_name,
            best_parameters[param_name]))

    predictions = grid_search.predict(X_test)
    print(classification_report(y_test, predictions))

# Out[2]:
Fitting 3 folds for each of 30 candidates, totalling 90 fits
[Parallel(n_jobs=2)]: Done  46 tasks      | elapsed: 54.0min
[Parallel(n_jobs=2)]: Done  90 out of  90 | elapsed: 101.9min finished
Best score: 0.965
Best parameters set:
  clf__C: 3
 clf__gamma: 0.01
            precision    recall   f1-score    support
      0.0        0.98      0.98       0.98       1770
      1.0        0.99      0.98       0.98       1987
      2.0        0.95      0.97       0.96       1738
      3.0        0.96      0.96       0.96       1808
      4.0        0.97      0.98       0.97       1703
      5.0        0.96      0.96       0.96       1549
      6.0        0.98      0.98       0.98       1677
      7.0        0.98      0.96       0.97       1827
      8.0        0.96      0.95       0.96       1701
      9.0        0.96      0.96       0.96       1740
```

```
avg / total        0.97        0.97        0.97        17500
```

代码在网格搜寻的过程中将会创建额外的进程，这要求代码从 __main__ 代码块开始执行。首先，我们对特征进行了缩放使每个特征都在原点附近。接着我们将预处理的数据分为训练集和测试集，然后我们初始化 SVC 对象，也就是支持向量分类器。SVC 构造器有 kernel、gamma 和 C 关键字参数。kernel 关键字参数指明了需要使用的核。scikit-learn 类库提供了线性核函数、多项式核函数、S 形曲线核函数以及径向基核函数的实现。当使用多项式核函数的时候应该同时设置关键字参数 degree。参数 C 控制正则化，它和我们在逻辑回归中使用的 lambda 超参数类似。关键字参数 gamma 针对于 S 形曲线核函数、多项式核函数以及 RBF 核函数的核系数。设置这些超参数很有挑战，因此我们通过网格搜寻来进行微调。最好的模型的 F1 得分是 0.97，当在超过前 10000 个实例上进行训练时这个得分还会继续增加。

## 11.3.2 自然图片字符分类

现在让我们来尝试一个更具挑战的问题。我们将对自然图片中的字母数字字符进行分类。Chars74K 数据集包含超过 74000 张图片，其中包括数字 0～9 以及英语大小写字母的字符。图 11.5 是 3 个小写字母 z 的例子。Chars74K 数据集可以从 http://www.ee.surrey.ac.uk/CVSSP/demos/chars74k/#download 下载。

图 11.5

该集合由几种类型的图片组成。我们将使用 7705 张字符图片，这些图片抽样自从印度班加罗尔拍摄的街景照片。和 MNIST 数据集不同，这部分 Chars74K 数据集中的图片描绘的字符在字体、颜色和干扰上各不相同。在解压文件之后，我们将使用 English/Img/GoodImg/Bmp/目录下的文件，如代码 11.3 所示。

**代码 11.3**

```
# In[1]:
import os
import numpy as np
from sklearn.pipeline import Pipeline
```

```
from sklearn.svm import SVC
from sklearn.model_selection import train_test_split
from sklearn.grid_search import GridSearchCV
from sklearn.metrics import classification_report
from PIL import Image


X = []
y = []
for path, subdirs, files in os.walk('data/English/Img/GoodImg/Bmp/'):
    for filename in files:
        f = os.path.join(path, filename)
        target = filename[3:filename.index('-')]
        img = Image.open(f).convert('L').resize((30, 30),
          resample=Image.LANCZOS)
        X.append(np.array(img).reshape(900,))
        y.append(target)
X = np.array(X)
```

首先我们加载了数据，并使用 Pillow 类库将图片转换为灰度图片。和前面的例子一样，我们将代码包裹在 main 模块中，以便在网格搜寻的过程中创建额外的进程。和 MNIST 数据集不同，Chars74K 数据集中的图片并没有固定的维度，因此我们将图片大小调整为每边 30 像素。最后，我们将图片转换为一个 Numpy 数组，如代码 11.4 所示。

**代码 11.4**

```
In[2]:
X_train, X_test, y_train, y_test = train_test_split(X, y, test_size=.1,
random_state=11)
pipeline = Pipeline([
    ('clf', SVC(kernel='rbf', gamma=0.01, C=100))
])
parameters = {
    'clf__gamma': (0.01, 0.03, 0.1, 0.3, 1),
    'clf__C': (0.1, 0.3, 1, 3, 10, 30),
}

if __name__ == '__main__':
    grid_search = GridSearchCV(pipeline, parameters, n_jobs=3,
      verbose=1, scoring='accuracy')
    grid_search.fit(X_train, y_train)
    print('Best score: %0.3f' % grid_search.best_score_)
    print('Best parameters set:')
    best_parameters = grid_search.best_estimator_.get_params()
```

```
for param_name in sorted(parameters.keys()):
    print('\t%s: %r' % (param_name,
      best_parameters[param_name]))
predictions = grid_search.predict(X_test)
print(classification_report(y_test, predictions))

# Out[2]:
todo
```

正如 MNIST 例子，我们使用网格搜寻来对模型的超参数进行微调。`GridSearchCV` 类在所有的训练数据上使用最好的超参数设置来重新训练模型。接着我们将在测试数据上评估模型。很明显这是一个比 MNIST 数字分类更有挑战的任务，字符在外观上各不相同，同时由于图片从照片中采样而不是来自于扫描文档，字符的干扰更加剧烈。另外，比起 MNIST 数据集来说，Chars74K 数据集的每一个类可训练的实例更少。除去这些挑战，这个分类器运行的依然很不错。通过增加训练数据，对图片进行不同的预处理，或者使用更加细致的特征表示，都能提升模型的性能。

## 11.4 小结

在本章中，我们讨论了支持向量机 SVM，一种可用于分类任务和回归任务的强大模型。SVM 可以将线性不可分类的特征有效地映射到更高维度的空间中。SVM 也也可以最大化决策边界和与之最靠近的训练实例之间的边距。在下一章中，我们将讨论被称作 ANN 的模型。和 SVM 一样，它们都扩展了感知机来突破感知机的局限。

# 第 12 章
# 从感知机到人工神经网络

在第 10 章中，我们介绍了感知机，一种用于二元分类的线性模型。我们了解到感知机并不是一种通用的函数逼近器，它的决策边界必须是一个超平面。在第 11 章中，我们介绍了 SVM，它通过使用核函数将特征表示映射到可能会使分类线性可分的更高维度空间，克服了感知机的一些局限。在本章中，我们将讨论 ANN，一种可用于监督任务和非监督任务的强大非线性模型，它使用一种不同的策略来克服感知机的局限。如果将感知机类比为一个神经元，那么 ANN 或者说**神经网络**，就应该类比为一个大脑。正如一个人类的大脑由数十亿个神经元和数万亿个突触组成一样，一个 ANN 是一个由人工神经元组成的有向图。图的边表示权重，这些权重都是模型需要学习的参数。

本章将提供一个关于小型前馈人工神经网络结构和训练的概述。scikit-learn 类库实现了用于分类、回归和特征提取的神经网络。然而，这些实现仅仅适用于小型网络。训练一个神经网络需要消耗大量的算力，在实际中大多数神经网络使用包含上千个并行处理核的图形处理单元进行训练。scikit-learn 类库不支持 GPU，而且在近期也没有支持的打算。GPU 加速还不成熟但是在迅速的发展中，在 scikit-learn 类库中提供对 GPU 的支持将会增加许多依赖项，而这与 scikit-learn 项目"轻松在各种平台上安装"的目标有所冲突。另外，其他机器学习算法很少需要使用 GPU 加速来达到和神经网络相同的程度。训练神经网络最好使用专门的类库例如 Caffe、TensorFlow 和 Keras 来实现，而不要使用像 scikit-learn 这样的通用的机器学习类库。

虽然我们不会使用 scikit-learn 类库来训练一个用于目标识别的深度**卷积神经网络**（**CNN**）或者用于语音识别的递归网络，理解将要训练的小型网络的原理对于这些任务来说是重要的先决条件。

## 12.1 非线性决策边界

回顾第 10 章，虽然一些布尔函数例如 **AND**、**OR** 和 **NAND** 可以用感知机来逼近，线性不可分函数 **XOR** 却不能，如图 12.1 所示。

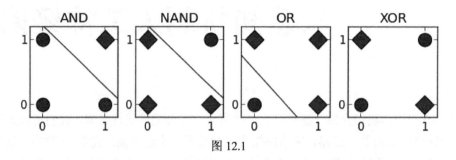

图 12.1

让我们回顾 **XOR** 函数的更多细节来建立一种关于 ANN 能力的直觉。和 **AND** 函数（当输入都等于 **1** 时输出才等于 1）以及 **OR** 函数（当输入至少有一个等于 **1** 输出才等于 1）不同，只有当一个输入等于 **1** 时，**XOR** 函数的输出才等于 1。当两个条件都为真时，我们可以将 **XOR** 函数的输出看作 **1**。第 1 个条件是至少有一个输出项等于 **1**，这个条件和 **OR** 函数的检验条件相同。第 2 个条件是输入项不能都等于 **1**，这个条件和 **NAND** 函数的检验条件相同。我们可以通过将输入项目同时使用 **OR** 函数和 **NAND** 函数处理，然后使用 **AND** 函数来验证两个函数的输出结果是否都等于 **1**，来得到 **XOR** 函数的处理输出结果。也就是说，**OR** 函数、**NAND** 函数和 **AND** 函数可以通过组合得到和 **XOR** 函数相同的输出结果。

表 12.1 是关于输入 A 和输入 B 对于 XOR 函数、OR 函数、AND 函数和 NAND 函数的真实值表格。从这个表格中我们可以验证输入 A 和输入 B 经过 OR 函数的输出和 NAND 函数的输出再经过 AND 函数处理的输出结果，和直接经过 XOR 函数处理的输出结果相同，如表 12.2 所示。

**表 12.1**

| A | B | A AND B | A NAND B | A OR B | A XOR B |
|---|---|---------|----------|--------|---------|
| 0 | 0 | 0 | 1 | 0 | 0 |
| 0 | 1 | 0 | 1 | 1 | 1 |
| 1 | 0 | 0 | 1 | 1 | 1 |
| 1 | 1 | 1 | 0 | 1 | 0 |

表 12.2

| A | B | A OR B | A NAND B | (A OR B) AND (A NAND B) |
|---|---|--------|----------|--------------------------|
| 0 | 0 | 0 | 1 | 0 |
| 0 | 1 | 1 | 1 | 1 |
| 1 | 0 | 1 | 1 | 1 |
| 1 | 1 | 1 | 0 | 0 |

我们不会尝试使用单个感知机来表示 XOR 函数，我们将使用多个人工神经元创建一个 ANN，其中每个人工神经元都将逼近一个线性函数。每一个实例的特征表示将会是一个对应两个神经元的输入项，一个神经元将表示 NAND 函数，另一个神经元表示 OR 函数。这两个神经元的输出结果将会由第 3 个表示 AND 函数的神经元接收，它用来检测所有 XOR 的条件都为真。

## 12.2  前馈人工神经网络和反馈人工神经网络

ANN 可以由 3 个关键组件来描述。第 1 个关键组件是模型的**架构**或者说**拓扑**，它描述了神经元的类型和神经元之间的连接结构。第 2 个关键组件是人工神经元使用的激活函数。第 3 个关键组件是找出权重最优值的学习算法。

ANN 主要有两种类型。前馈神经网络是最常见的类型，它通过有向非循环图来定义。在前馈神经网络中，信息只在一个方向上朝着输出层进行传递。相反，**反馈神经网络**或者**递归神经网络**包含循环。反馈循环可以表示网络的一种内部状态，它会导致网络的行为基于本身的输入随着时间变化而发生变化。前馈神经网络经常用于学习一个将输入映射到输出的函数。例如，一个前馈神经网络可以被用于识别一张照片中的物体，或者预测一个 SaaS 产品的订阅用户流失的可能性。反馈神经网络的时间行为使其适合用于处理输入序列。反馈神经网络已经被用于在两种语言之间翻译文档和自动转录演讲。因为反馈神经网络没有在 scikit-learn 类库中实现，我们将把讨论的话题仅限于前馈神经网络。

## 12.3  多层感知机

**多层感知机**是一个简单的 ANN。然而，它的名字是一种误称。一个多层感知机的并不是每一层只包含单一的感知机的多层结构，而是一个由人工神经元模拟感知机的多层结构。多层感知机包含 3 层或者更多层人工神经元，这些神经元形成了一个有向、非循环图。一般地，每层和后面的层都是**全连接**，一个层中的每个人工神经元的输出项或者说**激活项**，都是下一层中每个人工神经元的输入项。特征通过**输入层**进行输入。输入层中的简单神经元至少和一个**隐层**连接。隐层表示潜在变量，这些变量在训练数据中无法被观测到。隐层中隐藏神经元通常被称为隐单元。最后一个隐层和一个**输出层**连接，该层的激活项是响应变量的预测值。图 12.2 描述了一个包含 3 层感知机的多层感知机结构。标有+1 的神经元是常量偏差神经元，在大多数架构图中并不出现。这个神经网络有两个输入神经元，3 个隐神经元以及 2 个输出神经元。

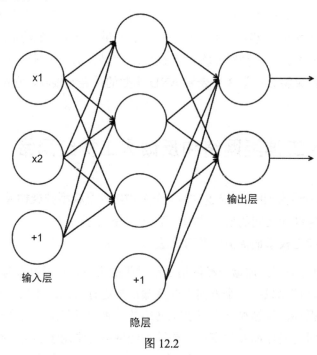

图 12.2

 **输入层**并不包含在一个神经网络的层数计算中，但 MLPClassifier.n_layers_ 属性的计数会包含输入层。

回顾第 10 章，一个感知机包括一个或多个二元输出、一个二元输出以及一个海维赛德阶跃激活函数。一个感知机的权重的微小变化对其输出没有影响，或者将导致输出从 1 变到 0 或者从 0 到 1。这个特性将导致我们改变神经网络的权重时难以去理解其性能变化。正因如此，我们将使用一种不同类型的神经元创建 MLP。一个 S 型曲线神经元包含一个或多个实值输入和一个实值输出，它使用一个 S 型曲线激活函数。如图 12.3 所示，一个 S 型曲线激活函数是阶跃函数的光滑版本，它在极值区间内逼近一个阶跃函数，但是可以输出

**0~1** 之间的任何值，这允许我们可以理解输入项的变化如何影响输出项。

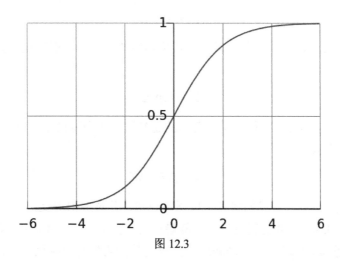

图 12.3

## 12.4 训练多层感知机

在本节内容中，我们将讨论如何训练一个多层感知机。回顾第 5 章，我们可以使用梯度下降法来将一个包含许多变量的实值函数 $C$ 极小化。假设 $C$ 是一个包含两个变量 $v_1$ 和 $v_2$ 的函数。为了理解如何通过改变变量来使 $C$ 极小化，我们需要一个变量上的小变化来产生输出上的一个小变化。我们将 $v_1$ 值的一个变化表示为 $\Delta v_1$，$v_2$ 值的一个变化表示为 $\Delta v_2$，$C$ 值的一个变化表示为 $\Delta C$。$\Delta C$ 和变量变化之间的关系如公式 12.1 所示：

$$\Delta C \approx \frac{\partial C}{\partial v_1} \Delta v_1 + \frac{\partial C}{\partial v_2} \Delta v_2 \qquad （公式 12.1）$$

$\dfrac{\partial C}{\partial v_1}$ 表示 $C$ 对于 $v_1$ 的偏微分。为了方便，我们将 $\Delta v_1$ 和 $\Delta v_2$ 表示为一个向量，如公式 12.2 所示

$$\Delta v = (\Delta v_1, \Delta v_2)^T \qquad （公式 12.2）$$

我们也将把 $C$ 对每个变量的偏微分表示为 $C$ 的梯度向量 $\nabla C$，如公式 12.3 所示：

$$\Delta C = \left( \frac{\partial C}{\partial v_1}, \frac{\partial C}{\partial v_2} \right)^T \qquad （公式 12.3）$$

我们可以将$\Delta C$的公式重写为公式 12.4：

$$\Delta C = \nabla C \Delta v \qquad\qquad (公式\ 12.4)$$

在每次迭代中，$\Delta C$应该为负数以减小代价函数的值。为了保证$\Delta C$为负数，我们将$\Delta v$设为公式 12.5：

$$\Delta v = -\eta \nabla C \qquad\qquad (公式\ 12.5)$$

在公式 12.5 中，$\eta$是一个称为**学习速率**的超参数。我们替换$\Delta v$来阐明为什么$\Delta C$是负数，如公式 12.6 所示：

$$\Delta v = -\eta \nabla C \bullet \nabla C \qquad\qquad (公式\ 12.6)$$

$\nabla C$的平方总是大于 0，我们将其乘以学习速率，并对乘积求反。在每一次迭代中，我们都将计算$C$的梯度$\nabla C$，并更新变量在下降最快的方向上迈出一步。为了训练多层感知机，我们省略了一个重要的细节：如何理解隐单元权重的变化如何影响代价函数？更具体来说，如何计算代价函数对于连接隐层的权重的偏导数？

## 12.4.1　反向传播

我们已经了解了梯度下降法通过计算一个函数梯度并使用梯度来更新函数的参数来迭代地将函数极小化。为了极小化多层感知机的代价函数，我们需要计算其梯度。回顾多层感知机包含能够代表潜在变量的单元层。我们不能使用一个代价函数计算它们的误差。训练数据表明了整个网络的期望输出，但是没有描述隐单元应该如何影响输出结果。由于我们不能计算隐单元的误差，不能计算它们的梯度，或者更新他们的权重。对于该问题一种简单的解决方法是随机修改隐单元的梯度。如果一个梯度的随机变化能减少代价函数值，则该权重被更新同时评估另一个变化。即使是对于普通的网络，这个方法对算力的消耗都是非常巨大的。在本节内容中，我们将描述一种更加有效的解决方法，使用反向传播算法计算一个神经网络的代价函数针对其每一个权重的梯度。反向传播法允许我们理解每个权重如何影响误差，以及如何更新权重来极小化代价函数。

这个算法的名字是反向和传播的合成词，它指代当计算梯度时误差穿过网络层的方向。反向传播法经常和一个优化算法（例如梯度下降法）联合使用来训练前馈神经网络。理论上来说，它能用于训练包含任何数量隐单元和任何数量层的前馈网络。

和梯度下降法一样，反向传播法是一种迭代算法，每次迭代包含两个阶段。第 1 个阶段是向前传播或者向前传递。在向前传递阶段，输入通过网络的神经元层向前传播直到它们到达输出层。接着损失函数可以用来计算预测的误差。第 2 个阶段是向后传播阶段。误差从代价函数向输入传播以便每个神经元对于误差的贡献能够被估计。该过程基于链式法则，该法则能够用于计算两个或更多函数组合的导数。我们在前面已经证明了神经网络可以通过组合线性函数来逼近复杂的非线性函数。这些误差接下来可以用于计算梯度下降法需要用于更新权重的梯度值。当梯度完成更新之后，特征可以再次通过网络向前传播开始下一次迭代。

链式法则可以用来计算两个或者多个函数组合的导数。假设变量 $z$ 依赖于 $y$，$y$ 依赖于 $x$。$z$ 针对 $x$ 的导数可以表示为 $\dfrac{dz}{dx} = \dfrac{dz}{dy} \cdot \dfrac{dy}{dx}$。

为了向前传播通过一个网络，我们计算在一个层中神经元的激活项，同时将激活项作为下一个层中与之连接的神经元的输入项。为了完成这些工作，我们首先需要计算出网络层中每个神经元的预激活项。回顾一个神经元的预激活项是其输入项和权重的线性组合。接着，我们通过将其激活函数应用于其预激活项上来计算出其激活项。该层的激活项会成为网络中下一层的输入项。

为了反向传播穿过网络，我们首先计算出代价函数针对最后隐层每一个激活项的偏导数。接着，我们计算最后隐层的激活项针对其预激活项的偏导数。接下来，计算最后隐层的预激活项针对其权重的偏导数，如此反复直到到达输入层。经过这个过程，我们逼近了每个神经元对于误差的贡献，同时计算出用来更新权重里那个和极小化代价函数所必需的梯度值。更具体地，对于每一层中的每一个单元，我们必须计算两个偏导数。第一个是误差针对单元激活项的偏导数。该导数不用于更新单元的权重，相反，它用于更新与该单元相连接的前面一层中的单元权重。第二，我们将计算误差针对该单元权重的导数以便更新权重值和极小化代价函数。接下来了解一个例子。我们将训练一个包含两个输入单元，一个包含两个隐单元的隐层，以及一个输出单元的神经网络，其架构图如图 12.4 所示。

让我们假设权重的初始值如表 12.3 所示。

表 12.3

| 权　　重 | 值 |
| --- | --- |
| $w_1$ | 0.4 |
| $w_2$ | 0.3 |
| $w_3$ | 0.8 |
| $w_4$ | 0.1 |
| $w_5$ | 0.6 |

续表

| 权　　重 | 值 |
| --- | --- |
| $w_6$ | 0.2 |
| $b_1$ | 0.5 |
| $b_2$ | 0.2 |
| $b_3$ | 0.9 |

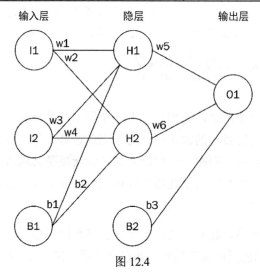

图 12.4

特征向量是[0.8,0.3]，响应变量的真实值是 0.5。让我们计算第一次向前传递的值，从隐单元 $h_1$ 开始。首先计算 $h_1$ 的预激活项，接着将逻辑 S 型曲线函数运用于预激活项计算激活项目，如公式 12.7 所示：

$$pre_{h_1} = w_1 i_1 + w_3 i_2 + b_1$$

$$pre_{h_1} = 0.4 \times 0.8 + 0.8 \times 0.3 + 0.5 = 1.06 \qquad （公式 12.7）$$

$$act_{h_1} = \frac{1}{1 + e^{-pre_{h_1}}} = 0.743$$

我们可以使用同样的过程计算 $h_2$ 的激活项，计算结果为 0.615。接着将隐单元 $h_1$ 和 $h_2$ 的激活项目作为输出层的输入项，类似地计算出 $o_1$ 的激活项，计算结果为 0.813。现在我们可以计算网络预测的误差。对于这个网络，我们将使用平方误差代价函数，公式如 12.8 所示：

$$E = \frac{1}{2} \sum_{i=1}^{n} (y_i - \hat{y}_i)^2 \qquad （公式 12.8）$$

在公式 12.8 中，$n$ 是输出单元的数量，$\hat{y}_i$ 是输出神经元 $o_i$ 的激活项，$y_i$ 是响应变量的真实值。我们的网络只有一个输出单元，因此 $n$ 等于 1。网络的预测值是 0.813，响应变量的真实值是 0.5，因此误差是 0.313。现在我们可以更新权重 $w_5$。首先计算 $\dfrac{\partial E}{\partial w_5}$，或者说改变 $w_5$ 看它如何影响误差。根据链式法则，$\dfrac{\partial E}{\partial w_5}$ 等于公式 12.9：

$$\frac{\partial E}{\partial w_5} = \frac{\partial E}{\partial act_{o_1}} \bullet \frac{\partial act_{o_1}}{\partial pre_{o_1}} \bullet \frac{\partial pre_{o_1}}{\partial w_5} \qquad （公式 12.9）$$

也就是说，我们能够通过回答下列问题来逼近误差的变化和 $w_5$ 之间的联系程度。

- $o_1$ 的激活项的变化能够对误差造成多大影响？
- $o_1$ 预激活项的变化能对激活项 $o_1$ 造成多大影响？
- 权重 $w_5$ 的变化能对预激活项 $o_1$ 造成多大影响？

接着我们将从 $w_5$ 中减去 $\dfrac{\partial E}{\partial w_5}$ 和我们的学习速率的乘积来更新权重。通过逼近误差变化和激活项 $o_1$ 之间的联系程度来回答第一个问题。代价函数针对输出单元激活项的偏导数如公式 12.10 所示：

$$\frac{\partial E}{\partial act_{o_1}} = -(y_1 - act_{o_1})$$
$$\frac{\partial E}{\partial act_{o_1}} = -(0.5 - 0.813) = 0.313 \qquad （公式 12.10）$$

接着我们通过逼近 $o_1$ 的激活项变化和其预激活项之间的联系程度来回答第二个问题。逻辑函数的偏导数如公式 12.11 所示：

$$\frac{d}{dx}f(x) = f(x)((1 - f(x)) \qquad （公式 12.11）$$

在公式 12.11 中，$f(x)$ 是逻辑函数，对应的公式为 $1/(1+e^{-x})$。

$$\frac{\partial act_{o_1}}{\partial pre_{o_1}} = act_{o_1}(1 - act_{o_1})$$
$$\frac{\partial act_{o_1}}{\partial pre_{o_1}} = 0.813 \times (1 - 0.813) = 0.152 \qquad （公式 12.12）$$

最后，我们将逼近预激活项 $o_1$ 的变化和 $w_5$ 有多大关系。预激活项是权重和输入项的线性组合，如公式 12.13 所示：

$$pre_{o_1} = w_5 act_{h_1} + w_6 act_{h_2} + b_2$$

$$\frac{\partial pre_{o_1}}{\partial w_5} = 1 \times act_{h_1} \times w_5^0 + 0 + 0 = act_{h_1} = 0.743 \qquad （公式 12.13）$$

偏差项 $b_2$ 和 $w_6 act_{h_2}$ 的导数都是 0。这两项对于 $w_5$ 来说都是常数，$w_5$ 的变化对 $w_6 act_{h_2}$ 没有影响。现在我们已经回答了 3 个问题，我们可以计算出误差针对 $w_5$ 的偏导数，如公式 12.14 所示：

$$\frac{\partial E}{\partial w_5} = 0.313 \times 0.152 \times 0.743 = 0.035 \qquad （公式 12.14）$$

我们现在可以通过从 $w_5$ 中减去学习速率和 $\frac{\partial E}{\partial w_5}$ 的乘积来更新 $w_5$ 的值。接着我我们可以遵循同样的处理方式来更新剩余的权重。完成了第一次向后传递之后，我们可以使用更新后的权重值来再次通过网络向前传播。

## 12.4.2  训练一个多层感知机逼近 XOR 函数

让我们使用 scikit-learn 类库训练一个网络来逼近 XOR 函数。我们为 MLPClassifier 构造函数传递 activation='logistic'关键字变量来为神经元指定应该使用逻辑 S 型曲线激活函数。Hidden_layer_sizes 参数接受一个整数元组来标明每一个隐层中的隐单元数量。我们将使用和前一节内容中相同的网络架构训练一个网络，该网络包含一个含有两个隐单元的隐层，以及一个包含一个输出单元的输出层，如代码 12.1 所示。

**代码 12.1**
```
# In[1]:
from sklearn.model_selection import train_test_split
from sklearn.neural_network import MLPClassifier

y = [0, 1, 1, 0]
X = [[0, 0], [0, 1], [1, 0], [1, 1]]

clf = MLPClassifier(solver='lbfgs', activation='logistic',
  hidden_layer_sizes=(2,), random_state=20)
```

```
clf.fit(X, y)

predictions = clf.predict(X)
print('Accuracy: %s' % clf.score(X, y))
for i, p in enumerate(predictions):
    print('True: %s, Predicted: %s' % (y[i], p))

# Out[1]:
Accuracy: 1.0
True: 0, Predicted: 0
True: 1, Predicted: 1
True: 1, Predicted: 1
True: 0, Predicted: 0
```

在几次迭代之后，网络收敛。让我们来观察已经学习到的权重，并对特征向量[1,1]完成一次向前传递，如代码 12.2 所示。

**代码 12.2**

```
# In[2]:
print('Weights connecting the input layer and the hidden layer: \n%s' %
clf.coefs_[0])
print('Hidden layer bias weights: \n%s' % clf.intercepts_[0])
print('Weights connecting the hidden layer and the output layer:
  \n%s' % clf.coefs_[1])
print('Output layer bias weight: \n%s' % clf.intercepts_[1])

# Out[2]:
Weights connecting the input layer and the hidden layer:
[[ 6.11803955  6.35656369]
 [ 5.79147859  6.14551916]]
Hidden layer bias weights:
[-9.38637909 -2.77751771]
Weights connecting the hidden layer and the output layer:
[[-14.95481734]
 [ 14.53080968]]
Output layer bias weight:
[-7.2284531]
```

为了向前传播，我们需要计算下列公式，如公式 12.15 所示。

$$pre_{h_1} = b_1 + w_1 i_1 + w_3 i_2$$

$$act_{h_1} = \frac{1}{1+e^{-pre_{h_1}}}$$

$$pre_{h_2} = b_2 + w_2 i_1 + w_4 i_2$$

$$act_{h_2} = \frac{1}{1+e^{-pre_{h_2}}}$$

$$pre_{o_1} = b_3 + w_5 act_{h_1} + w_6 act_{h_2}$$

$$act_{o_1} = \frac{1}{1+e^{-pre_{o_1}}}$$

$$pre_{h_1} = -9.38637909 + 6.118039055 \times 1 + 5.79147859 \times 1 = 2.523$$

$$act_{h_1} = \frac{1}{1+e^{-2.523}} = 0.926$$

$$pre_{h_2} = -2.77751771 + 6.3565639 \times 1 + 6.14551916 \times 1 = 9.725$$

$$act_{h_2} = \frac{1}{1+e^{-9.725}} = 1.000$$

$$pre_{o_1} = -7.2284531 + (-14.95481734 \times 0.926) + 14.53080968 \times 1 = -6.546$$

$$act_{o_1} = \frac{1}{1+e^{6.546}} = 0.001 \qquad\qquad （公式 12.15）$$

响应变量为正向类的概率是 0.001，网络预测 1⊕1=0。

## 12.4.3　训练一个多层感知机分类手写数字

在上一章中，我们使用了一个 SVM 来分类 MNIST 数据集中的手写数字。在本节内容中，我们将使用一个 ANN 来对这些图片进行分类，如代码 12.3 所示。

**代码 12.3**

```
# In[1]:
from sklearn.datasets import load_digits
```

```
from sklearn.model_selection import cross_val_score
from sklearn.pipeline import Pipeline
from sklearn.preprocessing import StandardScaler
from sklearn.neural_network.multilayer_perceptron import
  MLPClassifier

if __name__ == '__main__':
    digits = load_digits()
    X = digits.data
    y = digits.target
    pipeline = Pipeline([
        ('ss', StandardScaler()),
        ('mlp', MLPClassifier(hidden_layer_sizes=(150, 100),
          alpha=0.1, max_iter=300, random_state=20))
    ])
    print(cross_val_score(pipeline, X, y, n_jobs=-1))

# Out[1]:
[ 0.94850498  0.94991653  0.90771812]
```

首先我们使用 `load_digits` 便捷函数来加载 MNIST 数据集，将在交叉验证期间生成额外的进程，这需要代码从一个 main 保护代码块中开始执行。对特征进行缩放对 ANN 来说非常重要，同时这样将保证一些学习算法更快的收敛。接着，我们在拟合一个 `MLPClassifier` 类之前，创建一个 `Pipeline` 对数据进行缩放。网络包含一个输出层，一个包含 150 个单元的隐层，第二个隐层包含 100 个单元以及一个输出层。我们也增加了正则化超参数 alpha，同时将迭代最大次数从默认的 200 增加到 300。最后，我们打印出三重交叉验证的准确率。准确率均值和支持向量分类器的准确率相差不多。增加更多的隐单元或者隐层，另外使用网格搜索来微调超参数可以进一步提升准确率。

## 12.5 小结

在本章中，我们介绍了 ANN 模型，它可以通过组合人工神经元表示复杂函数用于分类和回归。我们特别讨论了被称为前馈神经网络的有向无循环人工神经网络图。多层感知机是一种前馈神经网络，其每一层都和下一层全连接。一个包含一个隐层和有限数量隐单元的 MLP 是一种通用的函数逼近器。它可以表示任何连续函数，尽管它并不一定能自动学习来逼近权重值。我们描述了一个网络的隐层如何表示潜在变量，以及网络的权重如何能使用向后传播算法被学习。最后，我们使用了 scikit-learn 类库的多层感知机实现来逼近 XOR 函数以及分类手写数字。

# 第 13 章
# K-均值算法

在前面的章节中，我们讨论了监督学习任务。我们检验了从标记训练数据中学习的回归和分类算法。在本章中，我们将介绍第一个无监督学习任务——聚类。聚类被用于在一个非标记数据集中发现类似观测值的群组。我们将讨论 K-均值聚类算法，将其运用到一个图片压缩问题，同时学习如何衡量它的性能。最后，我们将解决一个同时包含聚类和分类的半监督学习问题。

## 13.1 聚类

回顾第 1 章，无监督学习的目标是在非标记训练数据中发现隐藏的结构或模式。**聚类**或者**聚类分析**，是一种将观测值划分群组的任务，它能让相同群组或者**聚类**的成员，在某种衡量标准下相互之间比和其他聚类的成员之间更加类似。正如监督学习一样，我们将把一个观测值表示为一个 $n$-维向量。

例如，假设你的训练数据由图中的一些点组成，如图 13.1 所示。

聚类可以生成两个群组，分别由方块和圆形表示，如图 13.2 所示。

聚类也可以产出 4 个群组，如图 13.3 所示。

聚类经常被用来探索数据集。社交网络可以被聚类分为特定的社群，并对用户之间失去的联系提出建议。在生物学中，聚类可以用来发现具有类似表达模式的基因群组。推荐系统有时会使用聚类来定位一个用户可能感兴趣的产品或媒体。在市场营销中，聚类被用来发现相似用户的分组。在后面的内容中，我们将解决一个使用 K-均值算法对一个数据集进行聚类的例子。

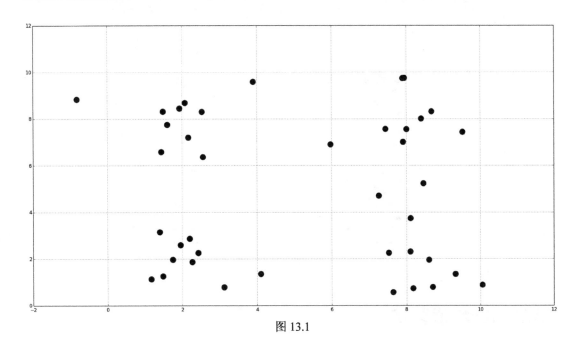

图 13.1

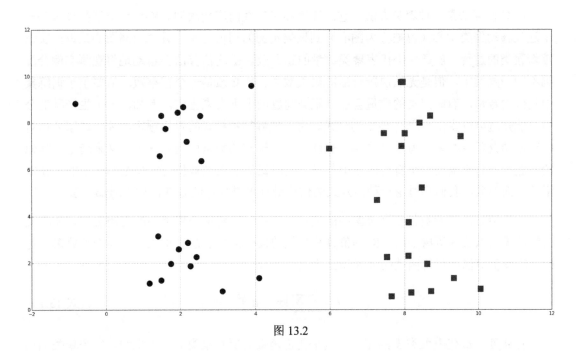

图 13.2

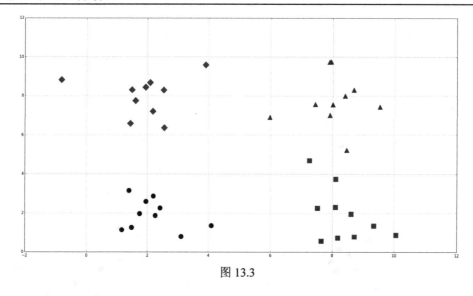

图 13.3

## 13.2　K-均值算法

K-均值算法是一种聚类方法，它因速度和稳定性而广受欢迎。K-均值算法的过程是一个迭代移动聚类中心（也被称为**图心**）到聚类实例的均值位置，并找出离图心最近的实例重新聚类的过程。$k$ 是一个代表聚类数量的超参数。K-均值算法会自动地将观测实例分配到不同的聚类中，但是无法决定合适的聚类数量。$k$ 必须是一个正整数，值要小于训练集中实例的数量。有时聚类的数量会通过聚类问题的上下文来指定。例如，一个生产鞋的公司可能知道可以支持生产 3 种新的样式。为了理解每种样式的目标顾客群体，这家公司对顾客做调查并将结果分为 3 个聚类。也就是说，聚类的数量由问题的上下文来指定。其他的问题可能并不需要一个特定的聚类数量，同时最优的聚类数量可能也是不确定的。在本章的后面部分，我们将讨论一种启发式的估计最优聚类数量的方法，称为**肘部方法**。

K-均值方法的参数包括聚类图心的位置以及被分配到每个聚类中的观测实例。和广义的线性模型以及决策树不同，K-均值算法参数的最优值是通过极小化一个代价函数来决定的。K-均值算法的代价函数的公式如公式 13.1 所示：

$$J = \sum_{k=1}^{K} \sum_{i \in C_k} \left\| x_i - \mu_k \right\|^2 \qquad （公式 13.1）$$

在此处，$\mu_k$ 代表聚类 $k$ 的图心，这个代价函数对所有聚类的偏差求和。每个聚类的偏差等于其包含的所有实例和其图心之间距离的平方和。对于紧凑的聚类偏差值很小，而对于实例很分散的聚类偏差则很大。能极小化这个代价函数的参数在一个将观测实例分配到聚类中并移动聚类的迭代过程中学习。首先，初始化聚类的图心，通常由随机选取的实例作为初始值。在每次迭代中，K-均值算法将观测实例分配到与其距离最近的聚类中，然后将图心移动到观测值的均值位置。让我们检测一个例子，训练数据如表 13.1 所示。

表 13.1

| 实　　例 | $x_0$ | $x_1$ |
|---|---|---|
| 1 | 7 | 5 |
| 2 | 5 | 7 |
| 3 | 7 | 7 |
| 4 | 3 | 3 |
| 5 | 4 | 6 |
| 6 | 1 | 4 |
| 7 | 0 | 0 |
| 8 | 2 | 2 |
| 9 | 8 | 7 |
| 10 | 6 | 8 |
| 11 | 5 | 5 |
| 12 | 3 | 7 |

如表 13.1 所示，训练数据包含两个解释变量，每个变量可以抽取一个特征。所有实例对应的点如图 13.4 所示。

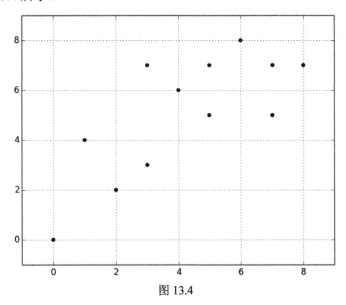

图 13.4

假设 K-均值算法将第 5 个实例作为第 1 个聚类的图心，第 11 个实例作为第 2 个聚类的图心。我们将计算每个实例到两个图心的距离，并将它们分配给距离最近的图心所属的类。首次的分配情况如表 13.2 的"聚类"一列所示。

**表 13.2**

| 实例 | $x_0$ | $x_1$ | $C_1$ 距离 | $C_2$ 距离 | 上次聚类 | 聚类 | 是否有变化？ |
|------|-------|-------|-----------|-----------|----------|------|-------------|
| 1 | 7 | 5 | 3.16228 | 2 | 无 | $C_2$ | 是 |
| 2 | 5 | 7 | 1.41421 | 2 | 无 | $C_1$ | 是 |
| 3 | 7 | 7 | 3.16228 | 2.82843 | 无 | $C_2$ | 是 |
| 4 | 3 | 3 | 3.16228 | 2.82843 | 无 | $C_2$ | 是 |
| 5 | 4 | 6 | 0 | 1.41421 | 无 | $C_1$ | 是 |
| 6 | 1 | 4 | 3.60555 | 4.12311 | 无 | $C_1$ | 是 |
| 7 | 0 | 0 | 7.21110 | 7.07107 | 无 | $C_2$ | 是 |
| 8 | 2 | 2 | 4.47214 | 4.24264 | 无 | $C_2$ | 是 |
| 9 | 8 | 7 | 4.12311 | 3.60555 | 无 | $C_2$ | 是 |
| 10 | 6 | 8 | 2.82843 | 3.16228 | 无 | $C_1$ | 是 |
| 11 | 5 | 5 | 1.41421 | 0 | 无 | $C_2$ | 是 |
| 12 | 3 | 7 | 1.41421 | 2.82843 | 无 | $C_1$ | 是 |
| $C_1$ 图心 | 4 | 6 | | | | | |
| $C_2$ 图心 | 5 | 5 | | | | | |

图 13.5 展示了图心和初始的聚类分配。分配到第 1 个聚类的实例用 **X** 标记，分配到第 2 个聚类的实例用点标记，表示图心的标记要比其他的实例大。

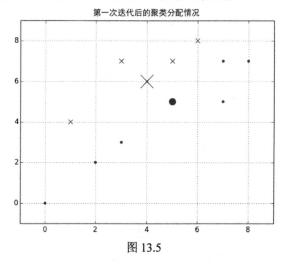

图 13.5

现在，如表 13.3 所示，我们将所有图心都移动到聚类包含实例的均值位置，重新计算训练实例到图心的距离，并重新把实例分配到最近的图心所在聚类，新的聚类情况如图 13.6 所示。可注意到图心开始分散，一些实例改变了分配情况。

表 13.3

| 实例 | $x_0$ | $x_1$ | $C_1$ 距离 | $C_2$ 距离 | 上次聚类 | 聚类 | 是否有变化？ |
|---|---|---|---|---|---|---|---|
| 1 | 7 | 5 | 3.492850 | 2.575394 | $C_2$ | $C_2$ | 否 |
| 2 | 5 | 7 | 1.341641 | 2.889107 | $C_1$ | $C_1$ | 否 |
| 3 | 7 | 7 | 3.255764 | 3.749830 | $C_2$ | $C_1$ | 是 |
| 4 | 3 | 3 | 3.492850 | 1.943067 | $C_2$ | $C_2$ | 否 |
| 5 | 4 | 6 | 0.447214 | 1.943067 | $C_1$ | $C_1$ | 否 |
| 6 | 1 | 4 | 3.687818 | 3.574285 | $C_1$ | $C_2$ | 是 |
| 7 | 0 | 0 | 7.443118 | 6.169378 | $C_2$ | $C_2$ | 否 |
| 8 | 2 | 2 | 4.753946 | 3.347250 | $C_2$ | $C_2$ | 否 |
| 9 | 8 | 7 | 4.242641 | 4.463000 | $C_2$ | $C_1$ | 是 |
| 10 | 6 | 8 | 2.720294 | 4.113194 | 无 | $C_1$ | 是 |
| 11 | 5 | 5 | 1.843909 | 0.958315 | $C_2$ | $C_2$ | 否 |
| 12 | 3 | 7 | 1 | 3.260775 | $C_1$ | $C_1$ | fou1 |
| $C_1$ 图心 | 3.8 | 6.4 | | | | | |
| $C_2$ 图心 | 4.571429 | 4.142857 | | | | | |

图 13.6 描绘出第二次迭代之后的图心和聚类分配情况。

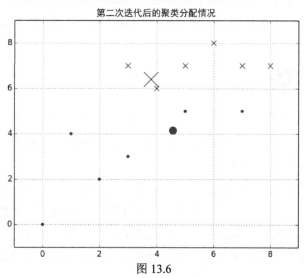

第二次迭代后的聚类分配情况

图 13.6

现在我们将再次把图心移动到聚类包含实例的均值位置,并重新分配实例到距离最近的图心所在的聚类。图心继续分散,如图 13.7 所示。

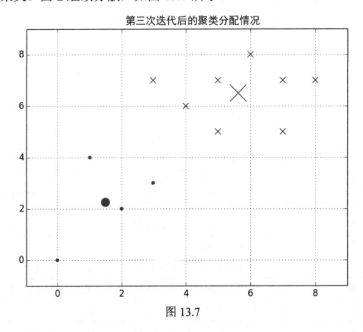

图 13.7

在下一次迭代中,所有实例的分配情况没有变化。K-均值算法将会继续迭代直到满足某些停止标准。通常情况下,这个标准是当前代价函数值和后续迭代代价函数值之间差值的阈值,或者是当前图心位置和后续迭代图心位置变化的阈值。如果这些停止标准足够小,K-均值将会收敛到一个最优值。然而,随着停止标准值的减小,收敛所需的时间将会增大。另外,需要注意到的一个重点是,无论停止标准的值如何设置,K-均值算法并不一定能收敛到全局最优值。

## 13.2.1　局部最优值

回顾 K-均值算法经常会从观测实例中随机选取来初始化图心。有时这些随机的初始点的选择非常糟糕,会让导致 K-均值算法收敛到一个局部最优值。例如,假设 K-均值算法随机的对图形初始化,如图 13.8 所示。

K-均值将逐渐收敛到一个局部最优值,如图 13.8 所示。这些聚类也许确实能把实例进行分组,但是上方和下方的观测值更可能是两个聚类。一些局部组优质要优于其他的局部最优解。为了避免这种糟糕的初始情况,K-均值算法经常会重复几十次到上百次。在每次迭代中,随机初始不同的初始聚类的位置,能将代价函数值最小化的那次初始化点将作为初始化点。

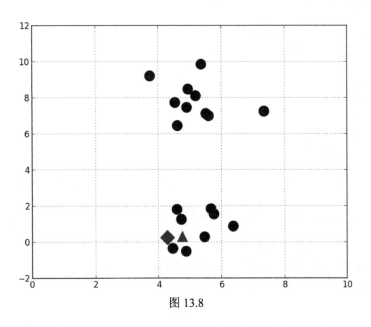

图 13.8

## 13.2.2 用肘部法选择 K 值

如果 $k$ 值不能由问题的上下文指定，最优的聚类数量可以使用一项称为肘部方法的技术来估计。肘部方法使用不同的 $k$ 值绘制出代价函数的值。随着 $k$ 值的增加，平均偏差也会增加，每个聚类将包含更少的实例，同时实例也将更靠近各自对应的图心。然而，随着 $k$ 值的增加，对平均离差的提升将会减少。离差的提升变化下降最陡时的 $k$ 值称为肘部。让我们使用肘部方法为一个数据集选择聚类的数量。下面散点图 13.9 描绘了一个明显可以分为两个聚类的数据集。

我们将计算并绘制出当 $k$ 从 1 变化到 10 时聚类的平均离差，如代码 13.1 所示。

**代码 13.1**

```
# In[1]:
import numpy as np
from sklearn.cluster import KMeans
from scipy.spatial.distance import cdist
import matplotlib.pyplot as plt

c1x = np.random.uniform(0.5, 1.5, (1, 10))
c1y = np.random.uniform(0.5, 1.5, (1, 10))
c2x = np.random.uniform(3.5, 4.5, (1, 10))
```

```
c2y = np.random.uniform(3.5, 4.5, (1, 10))
x = np.hstack((c1x, c2x))
y = np.hstack((c1y, c2y))
X = np.vstack((x, y)).T

K = range(1, 10)
meanDispersions = []
for k in K:
    kmeans = KMeans(n_clusters=k)
    kmeans.fit(X)
    meanDispersions.append(sum(np.min(cdist(X,
        kmeans.cluster_centers_, 'euclidean'), axis=1)) / X.shape[0])

plt.plot(K, meanDispersions, 'bx-')
plt.xlabel('k')
plt.ylabel('Average Dispersion')
plt.title('Selecting k with the Elbow Method')
plt.show()
```

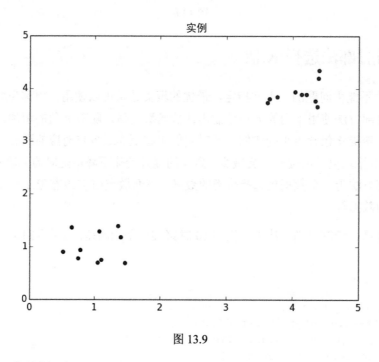

图 13.9

代码 13.1 将绘制出图 13.10。

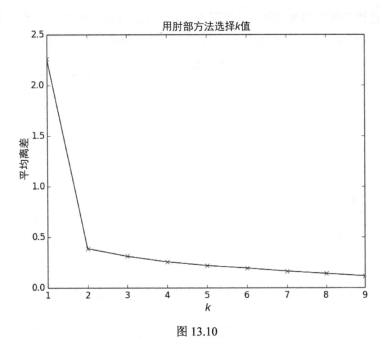

图 13.10

当我们把 $k$ 从 1 增加到 2 时，平均离差迅速提升。而当 $k$ 值大于 2 时离差几乎没有提升。现在让我们将肘部方法用于包含 3 个聚类的数据集上，如图 13.11 所示。

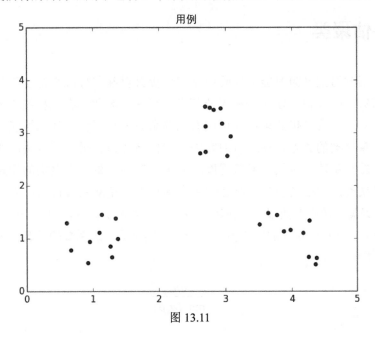

图 13.11

图 13.12 是该数据集的肘部图。从该图 13.12 中我们可以看出当增加第 4 个聚类时，平均离差的提升率下降最快。也就是说，肘部方法确认该数据集的 $k$ 应该设置为 3。

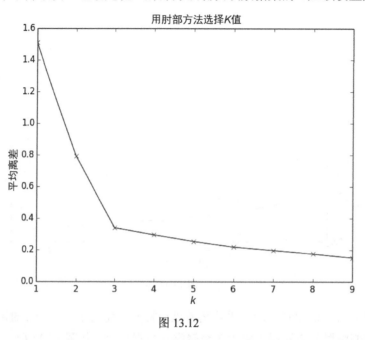

图 13.12

## 13.3 评估聚类

我们将机器学习定义为对能从经验中学习以提升以某些标准来衡量的任务性能的系统的设计的研究。K-均值算法是一种无监督学习算法，因此不存在标签或者真实情况和聚类来比较。然而，我们仍然可以使用固有的衡量方式来评估算法的性能。我们已经讨论了如何来衡量聚类的离差。在本节内容中，我们将要讨论另一种聚类的衡量方式，称为 **轮廓系数**。轮廓系数是对聚类紧密程度和稀疏程度的衡量。当聚类的质量上升时轮廓系数上升。当聚类内部很紧密且彼此之间距离很远时，轮廓系数很大；而对于体积很大且互相重叠的聚类，轮廓系数很小。轮廓系数在每个实例上计算，对于一个实例集合，轮廓系数等于每个实例轮廓系数的平均值。对于一个实例的轮廓系数的计算公式如公式 13.2 所示：

$$s = \frac{ba}{\max(a,b)} \qquad \text{（公式 13.2）}$$

在公式中，$a$ 是聚类中实例之间的平均距离。$b$ 是聚类的实例和最接近的聚类的实例之间的平均距离。下面的例子运行了 4 次 K-均值算法从一个玩具数据集中创建 2 个、3 个、4 个和 8 个聚类，并在每轮中计算轮廓系数，如代码 13.2 所示。

**代码 13.2**

```
# In[1]:
import numpy as np
from sklearn.cluster import KMeans
from sklearn import metrics
import matplotlib.pyplot as plt

plt.subplot(3, 2, 1)
x1 = np.array([1, 2, 3, 1, 5, 6, 5, 5, 6, 7, 8, 9, 7, 9])
x2 = np.array([1, 3, 2, 2, 8, 6, 7, 6, 7, 1, 2, 1, 1, 3])
X = np.array(zip(x1, x2)).reshape(len(x1), 2)

plt.xlim([0, 10])
plt.ylim([0, 10])
plt.title('Instances')
plt.scatter(x1, x2)
colors = ['b', 'g', 'r', 'c', 'm', 'y', 'k', 'b']
markers = ['o', 's', 'D', 'v', '^', 'p', '*', '+']
tests = [2, 3, 4, 5, 8]
subplot_counter = 1
for t in tests:
    subplot_counter += 1
    plt.subplot(3, 2, subplot_counter)
    kmeans_model = KMeans(n_clusters=t).fit(X)
 for i, l in enumerate(kmeans_model.labels_):
     plt.plot(x1[i], x2[i], color=colors[l], marker=markers[l],
        ls='None')
 plt.xlim([0, 10])
 plt.ylim([0, 10])
 plt.title('K = %s, Silhouette Coefficient = %.03f' % (t,
   metrics.silhouette_score(X, kmeans_model.labels_,
   metric='euclidean')))
plt.show()
```

数据集中包含 3 个明显的聚类。因此，如图 13.13 所示，当 **K** 值等于 3 时轮廓系数最大。将 **K** 值设置为 **8** 时，实例的聚类相互之间非常靠近就好像它们属于其他聚类的实例一样，其对应的轮廓系数也是最小的。

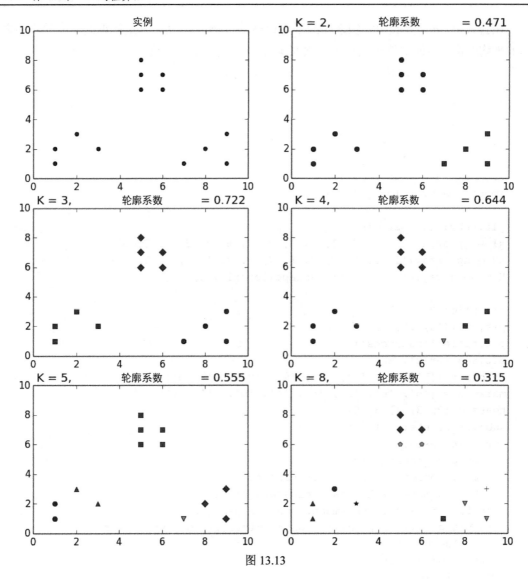

图 13.13

## 13.4 图像量化

在上一节内容中，我们使用聚类来探索一个数据集的结构。现在让我们把聚类运用于一个不同的问题。**图像量化**是一种有损压缩方法，它能使用一种颜色来替换一张图片中一系列类似的颜色。因为代表颜色需要更少的比特，图像量化能减少图片文件的体积。在下面的例子中，我们将使用聚类来找出包含一张图片中最重要颜色的压缩调色盘。然后，我们将使用这个压缩调色盘来重建这张图片。首先我们需要读入图片并将其扁平化，如代码 13.3 所示。

**代码 13.3**

```
# In[1]:
import numpy as np
import matplotlib.pyplot as plt
from sklearn.cluster import KMeans
from sklearn.utils import shuffle
from PIL import Image

original_img = np.array(Image.open('tree.jpg'), dtype=np.float64) /
  255
original_dimensions = tuple(original_img.shape)
width, height, depth = tuple(original_img.shape)
image_flattened = np.reshape(original_img, (width * height, depth))
```

然后，我们使用 K-均值算从 1000 个随机选取的颜色样本中创建 64 个聚类。每个聚类都将成为压缩调色盘中的一个颜色，如代码 13.4 所示。

**代码 13.4**

```
# In[2]:
image_array_sample = shuffle(image_flattened, random_state=0)[:1000]
estimator = KMeans(n_clusters=64, random_state=0)
estimator.fit(image_array_sample)

# Out[2]:
KMeans(algorithm='auto', copy_x=True, init='k-means++',
 max_iter=300,
    n_clusters=64, n_init=10, n_jobs=1, precompute_distances='auto',
    random_state=0, tol=0.0001, verbose=0)
```

接下来，我们为原图中每个像素预测其应该分配到哪个聚类中，如代码 13.5 所示。

**代码 13.5**

```
# In[3]:
cluster_assignments = estimator.predict(image_flattened)
```

最后，我们从压缩调色盘和聚类分配来创建压缩图片，如代码 13.6 所示。

**代码 13.6**

```
# In[4]:
compressed_palette = estimator.cluster_centers_
compressed_img = np.zeros((width, height, compressed_palette.shape[1]))
label_idx = 0
```

```
for i in range(width):
    for j in range(height):
        compressed_img[i][j] =
          compressed_palette[cluster_assignments[label_idx]]
        label_idx += 1
plt.subplot(121)
plt.title('Original Image', fontsize=24)
plt.imshow(original_img)
plt.axis('off')
plt.subplot(122)
plt.title('Compressed Image', fontsize=24)
plt.imshow(compressed_img)
plt.axis('off')
plt.show()
```

原图和压缩图片如图 13.14 所示。

原图 压缩图片

图 13.14

# 13.5 通过聚类学习特征

在本节的例子中，我们将在一个半监督学习问题中合并聚类和分类器。我们将通过聚类非标记数据来学习特征，并使用学习到的特征来建立一个监督分类器。

假设你有一只猫和一只狗。再假设你已经购买了一部智能手机，表面上手机用于和人类沟通，但实际上它只是用来给你的猫和狗拍照。你的照片很棒，同时你确信自己的朋友同时也喜欢仔细地回顾这些照片。你彬彬有礼，并且尊重只喜欢看猫照片的人以及只喜欢看狗照片的人，但是对照片进行分类是一项很费劲的工作。让我们来建立一个半监督学习系统来分类猫照片和狗照片。

回顾第 3 章中的内容，对图像进行分类的一种简单的方法是使用所有像素的强度或者亮度来作为特征。这种方法即使对很小的图像也会产出高维度的特征。和我们用来表示文档的高维度特征向量不同，这些向量并不稀疏。另外，这种方法很明显地会对图片的光照、缩放以及方向很敏感。我们将从图像中提取 SURF **描述符**，并将其聚类来学习一个特征表示。SURF 描述符描述了一张图片的兴趣区域，并且和图片缩放、旋转以及光照无关。然后，我们将使用一个向量表示一张图片，向量的每一个元素对应描述符的一个聚类。每个元素将会编码从图片中提取出来的并属于该聚类的描述符数量。这种方法有时也被称为**特征袋**表示，因为特征的集合可以类比为词袋表示法中的词表。我们将使用来自 Kaggle 网站中"狗 vs 猫"竞赛数训练数据集中的 1000 张猫图片和 1000 张狗图片。该数据集可以从 https://kaggle.com/c/dogs-vs-cats/data 下载。我们将使用正向类标记猫，使用负向类标记狗。注意这些图片有不同的尺寸。因为特征向量不表示像素，我们并不需要将图片重新调整大小为相同的尺寸。我们将使用前 60% 的图片进行训练，使用剩下的 40% 图片进行测试，如代码 13.7 所示。

**代码 13.7**

```
# In[1]:
import numpy as np
import mahotas as mh
from mahotas.features import surf
from sklearn.linear_model import LogisticRegression
from sklearn.metrics import *
from sklearn.cluster import MiniBatchKMeans
import glob
```

首先，我们加载了图片，并将它们转换为灰度图片，并从中提取 SURF 描述符。相比其他类似的特征，SURF 描述符可以更快地被提取，但是从 2000 张图片中提取描述符依然很耗费算力。和前面的例子不同，代码 13.8 在大部分电脑上需要耗费几分钟来执行。

**代码 13.8**

```
# In[2]:
all_instance_filenames = []
all_instance_targets = []

for f in glob.glob('cats-and-dogs-img/*.jpg'):
```

```
        target = 1 if 'cat' in os.path.split(f)[1] else 0
        all_instance_filenames.append(f)
        all_instance_targets.append(target)

surf_features = []
for f in all_instance_filenames:
    image = mh.imread(f, as_grey=True)
    # The first 6 elements of each descriptor describe its position
      and orientation.
    # We require only the descriptor.
    surf_features.append(surf.surf(image)[:, 5:])

train_len = int(len(all_instance_filenames) * .60)
X_train_surf_features = np.concatenate(surf_features[:train_len])
X_test_surf_feautres = np.concatenate(surf_features[train_len:])
y_train = all_instance_targets[:train_len]
y_test = all_instance_targets[train_len:]
```

　　然后，我们将提取出的描述符分配到 300 个聚类中。我们使用 MiniBatchKMeans，它是一个在每次迭代中使用一个随机的实例样本的 K-均值算法变体。因为在每次迭代中只计算所有一个所有实例的样本到图心的距离，MinibatchKMeans 收敛速度很快，但是它的聚类的离差可能会很大。在实际使用中，结果很类似，这样的折中策略可以被接受。如代码 13.9 所示。

**代码 13.9**
```
# In[3]:
n_clusters = 300
estimator = MiniBatchKMeans(n_clusters=n_clusters)
estimator.fit_transform(X_train_surf_features)

# Out[3]:
array([[ 0.6056733 ,  2.70938102,  1.22470857, ...,  0.40240388,
         1.36376676,  0.91444056],
       [ 1.17256268,  2.15959095,  1.80512123, ...,  1.25544983,
         2.14938607,  0.92937648],
       [ 4.05884662,  1.87604644,  5.28951557, ...,  4.32944494,
         5.41296044,  3.89081466],
       ...,
       [ 0.6193189 ,  2.92864247,  1.1535589 , ...,  0.36941273,
         1.18161751,  1.09170526],
       [ 1.68619226,  3.95702531,  0.93771461, ...,  1.37208184,
         0.80844426,  2.08232525],
```

```
[ 1.09366926,  1.87174791,  1.99117652, ...,  1.12510896,
  2.15558684,  1.0511277 ]])
```

接着，我们从训练数据和测试数据中组织特征向量，找出和每个提取的 SURF 描述符相关联的聚类，并使用 Numpy 类库的 `binCount` 函数来计数。相关结果会将每个实例表示为一个 300 维的特征向量，如代码 13.10 所示。

**代码 13.10**
```
# In[4]:
X_train = []
for instance in surf_features[:train_len]:
    clusters = estimator.predict(instance)
    features = np.bincount(clusters)
    if len(features) < n_clusters:
        features = np.append(features, np.zeros((1, n_clusters-
            len(features))))
    X_train.append(features)

X_test = []
for instance in surf_features[train_len:]:
    clusters = estimator.predict(instance)
    features = np.bincount(clusters)
    if len(features) < n_clusters:
        features = np.append(features, np.zeros((1, n_clusters-
            len(features))))
    X_test.append(features)
```

最后，我们在特征向量和目标上训练一个逻辑回归分类器，并且计算其精确率、召回率、和准确率，如代码 13.11 所示。

**代码 13.11**
```
# In[5]:
clf = LogisticRegression(C=0.001, penalty='l2')
clf.fit(X_train, y_train)
predictions = clf.predict(X_test)
print(classification_report(y_test, predictions))

# Out[5]:
            precision    recall  f1-score   support

         0       0.69      0.77      0.73       378
         1       0.77      0.69      0.72       420

avg / total       0.73      0.72      0.72       798
```

## 13.6　小结

在本章中，我们讨论了第一个无监督学习任务——聚类。聚类被用于在非标记数据中发现结构，我们学习了 K-均值聚类算法，它会迭代地将实例分配到每个聚类中，并调整聚类图心的位置。虽然 K-均值算法在没有监督的情况下会从经验中学习，但是它的性能依然是可以衡量的。我们学习使用离差和轮廓系数来评估聚类。我们将 K-均值算法运用到两个不同的问题中。首先，使用 K-均值算法来进行图像量化，这是一项可以将一系列颜色表示为一个颜色的压缩技术。我们还使用 K-均值算法在一个半监督图片分类问题中学习特征。

在下一章中，我们将讨论另一个称为降维的无监督学习任务。和我们为分类猫狗图片而创建的半监督特征表示一样，降维也可以用来减少特征表示的维度同时尽可能多地保留信息。

# 第 14 章
# 使用主成分分析降维

在本章中，我们将讨论一项降低数据维度的技术，称为**主成分分析（PCA）**。降维是由一些问题带来的。首先，它可以被用来缓解由维度诅咒带来的问题。其次，降维可以被用于压缩数据，同时将丢失数据的量最小化。最后，理解上百维的数据结构非常困难，仅有二维或者三维的数据可以轻松地进行可视化。我们将使用 PCA 算法将高维度数据集在两个维度上进行可视化，同时建立一个面部识别系统。

## 14.1  主成分分析

回顾前面章节的内容，涉及高维度数据的问题经常会被维度诅咒所影响。随着一个数据集维度数量的增加，一个估计器所需的样本数量会成指数倍增加。在一些应用中获取如此庞大的数据是不可行的，同时从大数据集中学习需要更多的内存以及处理能力。另外，数据的稀疏程度经常会随着维度的增加而增加。在高维度空间中由于所有实例的稀疏程度都很类似，找出类似的实例是一件很困难的事。

PCA 也叫作**卡尔胡宁-勒夫转换（KLT）**，是一种用于在高维空间中发现模式的技术。PCA 经常被用于探索和可视化高维度数据集。它可以被用于压缩数据，和被另一个估计器所用之前处理数据。PCA 将一系列可能相关联的高维变量减少为一系列被称为**主成分**的低维度线性不相关合成变量。这些低维度数据会尽可能多地保存原始数据的方差。PCA 通过将数据投影到一个低维度子空间来减少一个数据集的维度。例如，一个二维数据集可以通过把点投影到一条直线来减少维度，数据集中的每一个实例会由单个值来表示而不是一对值。一个三维数据集可以通过把变量投影到一个平面上来降低到二维。总的来说，一个 $m$ 维数据集可以通过投影到一个 $n$ 维子空间来降维，$n$ 小于 $m$。更正式地，PCA 可以用于找出一系列向量，这些向量能够扩张一个能将投影数据平方误差和最小化的子空间，这个投影能保留原始数据集的最大方差比例。

假设你是一名园艺物品专栏摄影师，你被派去拍摄一张喷壶的照片。这个喷壶是三维的，但是照片是二维的，你需要创建一个能尽可能描述这个喷壶的二维表示。图 14.1 是 4 张你能够使用的图片集合。

图 14.1

在第 1 张照片中可以看到喷壶的背面，但是不能看见喷壶的正面。第 2 张照片的角度是能直接看到喷嘴的角度，这张照片提供了在第 1 张照片中不可见的喷壶正面的信息，但是喷壶把手不可见。第 3 张照片是用鸟瞰视图来描述的，因此无法辨别喷壶的高度。第 4 张照片是专栏的最佳选择，在这张图片中喷壶的高度、顶部、喷嘴以及把手都能辨别出来。PCA 的目的和前面的例子很类似，它可以将高维度空间中的数据投影到一个低维度空间中，并尽可能多地保留方差。PCA 旋转数据集对齐它的主成分，以此最大化前几个主成分包含的方差。假设你有一个数据集，如图 14.2 所示。

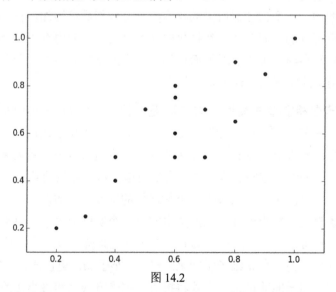

图 14.2

图 14.2 中的实例逼近一条从原点到右上角的细长的椭圆拉伸。为了减少数据集的维度，

我们必须将点投影到一条直线上。图 14.3 描绘了两条可以投影的直线。哪一条直线会让实例的变化最大呢？

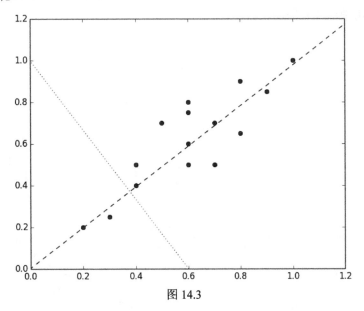

图 14.3

　　和点线相比，虚线会让实例的变化更大。实际上，虚线是第 1 个主成分。第 2 个主成分必须和第 1 个主成分正交，也就是说，它必须统计独立于第一个主成分。在一个 2-维空间中，第 1 主成分和第 2 主成分将会垂直出现，如图 14.4 所示。

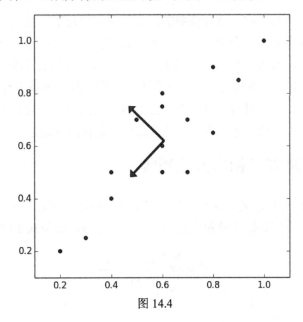

图 14.4

　　每一个后面的主成分会保留剩余方差的最大值，唯一的限制是它必须和其他的主成分正交。现在假设数据集有 3 个维度。图 14.5 描绘了前面点的散点图，它看起来像是一个围绕着某一根轴稍稍旋转的平旋面。

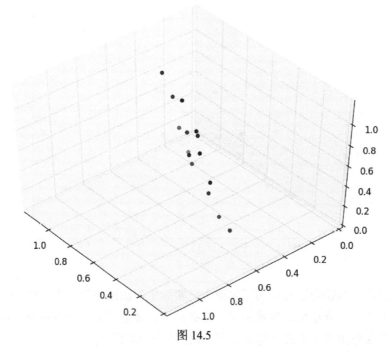

图 14.5

　　这些点可以被旋转和平移，这样倾斜的圆盘几乎完全位于二维空间中。现在这些点形成了一个椭圆，第 3 维几乎不包含方差，因而可以被丢弃。当一个数据集中的方差围绕每个维度不均匀分布时，PCA 非常有用。考虑一个具有球形凸包的三维数据集，由于每个维度的方差都相等，没有一个维度可以再不损失大量信息的条件下被丢弃，因此 PCA 无法有效地运用于该数据集。对于只有二维或者三维的数据集来说，直观地辨别其主成分是很简单的。在下一节内容中，我们将讨论如何计算高维度数据的主成分。

## 14.1.1　方差、协方差和协方差矩阵

　　在讨论 PCA 如何运行之前，我们必须先定义几个概念。回顾一下方差是一种衡量一组值如何分布的方法。方差是每个值和均值的平方差的平均，如公式 14.1 所示：

$$s^2 = \frac{\sum_{i=1}^{n}(X_i - \bar{X})^2}{n-1} \qquad （公式 14.1）$$

协方差是一种衡量两个变量一起改变程度的方法，它是衡量两组变量之间相关性程度的方法。如果两个变量的协方差为 0，则变量不相关。需要注意的是，不相关的变量并不一定是独立的，因为相关仅仅是线性相关的一种衡量方式。两个变量协方差的计算方式如公式 14.2 所示：

$$\text{cov}(X,Y) = \frac{\sum_{i=1}^{n}(X_i - \overline{x})(Y_i - \overline{y})}{n-1} \qquad \text{（公式 14.2）}$$

如果协方差非 0，正负号表示变量是正相关还是负相关。当两个变量正相关时，一个变量随着另一个变量的增加而增加。当两个变量负相关时，一个变量相对于其均值增加时，另一个变量相对于其均值减少。一个**协方差矩阵**描述了一个数据集中每一对维度数变量的协方差。元素$(i,j)$表示数据 $i^{th}$ 维和 $j^{th}$ 维的协方差例如，一个三维数据的协方差矩阵如公式 14.3 所示：

$$C = \begin{bmatrix} \text{cov}(x_1,x_1) & \text{cov}(x_1,x_2) & \text{cov}(x_1,x_3) \\ \text{cov}(x_2,x_1) & \text{cov}(x_2,x_2) & \text{cov}(x_2,x_3) \\ \text{cov}(x_3,x_1) & \text{cov}(x_3,x_2) & \text{cov}(x_3,x_3) \end{bmatrix} \qquad \text{（公式 14.3）}$$

让我们来计算下面数据集的协方差矩阵，如表 14.1 所示。

表 14.1

| v1 | v2 | v3 |
|----|----|----|
| 2 | 0 | −1.4 |
| 2.2 | 0.2 | −1.5 |
| 2.4 | 0.1 | −1 |
| 1.9 | 0 | −1.2 |

变量的均值分别为 2.125、0.075 和−1.275。接着我们可以计算每一对变量的协方差并得出下列协方差矩阵，如公式 14.4 所示：

$$C = \begin{bmatrix} 2.92 & 3.16 & 2.95 & 2.67 \\ 3.16 & 3.43 & 3.175 & 2.885 \\ 2.95 & 3.175 & 3.01 & 2.705 \\ 2.67 & 2.885 & 2.705 & 2.443 \end{bmatrix} \qquad \text{（公式 14.4）}$$

我们可以使用 NumPy 类库验证计算结果，如代码 14.1 所示。

**代码 14.1**

```
# In[1]:
```

```
import numpy as np

X = np.array([
 [2, 0, -1.4],
 [2.2, 0.2, -1.5],
 [2.4, 0.1, -1],
 [1.9, 0, -1.2]
])
print(np.cov(X).T)

# Out[1]:
[[ 2.92        3.16        2.95        2.67      ]
 [ 3.16        3.43        3.175       2.885     ]
 [ 2.95        3.175       3.01        2.705     ]
 [ 2.67        2.885       2.705       2.44333333]]
```

## 14.1.2　特征向量和特征值

回顾一下，一个向量由一个方向和一个量级或者长度来描述。一个矩阵的特征向量是一个非零向量，满足公式 14.5：

$$A\vec{v} = \lambda\vec{v} \qquad （公式 14.5）$$

在公式中，$\vec{v}$ 是一个特征向量，$A$ 是一个方阵，$\lambda$ 是一个称为**特征值**的标量。一个特征向量的方向和其被矩阵 $A$ 转换之前保持一致，只有其量级发生变化，变化由特征值来标明。也就是说，一个矩阵乘以它的一个特征向量，等于对这个特征向量做缩放。前缀"特征"在德语中表示"属于"或"独有"，一个矩阵的特征向量是"属于"和描绘数据结构的向量。

特征向量和特征值只能由方阵衍生，同时并非所有的方阵都有特征向量和特征值。如果一个矩阵有特征向量和特征值，它的每一个维度上都有一对特征向量和特征值。一个矩阵的主成分是它的协方差矩阵的特征向量，及其对应的特征值排序。对应最大特征值的特征向量是第 1 个主成分，对应第二大特征值的特征向量是第 2 个主成分，以此类推。

让我们来计算下列矩阵的特征向量和特征值，如公式 14.6 所示：

$$A = \begin{bmatrix} 1 & -2 \\ 2 & -3 \end{bmatrix} \qquad （公式 14.6）$$

回顾前面的内容，矩阵 $A$ 和它的任何特征向量的乘积都等于特征向量乘以对应的特征值。首先我们将找出特征值，如公式 14.7 所示：

$$(A - \lambda I)\vec{v} = 0$$

$$|A - \lambda * I| = \left\| \begin{bmatrix} 1 & -2 \\ 2 & -3 \end{bmatrix} - \begin{bmatrix} \lambda & 0 \\ 0 & \lambda \end{bmatrix} \right\| = 1 \qquad (公式 14.7)$$

特征方程表明数据矩阵和特征值和单位矩阵乘积的差的矩阵的行列式结果等于 0，如公式 14.8 所示：

$$\left\| \begin{bmatrix} 1-\lambda & -2 \\ 2 & -3-\lambda \end{bmatrix} \right\| = (\lambda+1)(\lambda+1) = 0$$

$$(A - \lambda I)\vec{v} = 0 \qquad (公式 14.8)$$

代入矩阵 $A$ 的值，如公式 14.9 所示：

$$\left( \begin{bmatrix} 1 & -2 \\ 2 & -3 \end{bmatrix} - \begin{bmatrix} \lambda & 0 \\ 0 & \lambda \end{bmatrix} \right)\vec{v} = \begin{bmatrix} 1-\lambda & -2 \\ 2 & -3-\lambda \end{bmatrix}\vec{v} = \begin{bmatrix} 1-\lambda & -2 \\ 2 & -3-\lambda \end{bmatrix}\begin{bmatrix} v_{1,1} \\ v_{1,2} \end{bmatrix} = 0 \quad (公式 14.9)$$

我们可以代入第一个特征值来解方程，如公式 14.10 所示

$$\begin{bmatrix} 1-(-1) & -2 \\ 2 & -3-(-1) \end{bmatrix}\begin{bmatrix} v_{1,1} \\ v_{1,2} \end{bmatrix} = \begin{bmatrix} 2 & -2 \\ 2 & -2 \end{bmatrix}\begin{bmatrix} v_{1,1} \\ v_{1,2} \end{bmatrix} = 0 \qquad (公式 14.10)$$

前面的步骤可以写成方程组的形式，如公式 14.11 所示：

$$\begin{cases} 2v_{1,1} + (-2v_{1,2}) = 0 \\ 2v_{1,1} + (-2v_{1,2}) = 0 \end{cases} \qquad (公式 14.11)$$

任何满足上述方程的非零向量，都能作为特征向量，如公式 14.12 所示：

$$\begin{bmatrix} 1 & -2 \\ 2 & -3 \end{bmatrix}\begin{bmatrix} 1 \\ 1 \end{bmatrix} = -1\begin{bmatrix} 1 \\ 1 \end{bmatrix} = \begin{bmatrix} -1 \\ -1 \end{bmatrix} \qquad (公式 14.12)$$

PCA 需要单位特征向量，或者说长度为 1 的特征向量。我们可以将特征向量除以它的模进行标准化，特征向量的模的计算公式如公式 14.13 所示：

$$\| x \| = \sqrt{x_1^2 + x_2^2 + \cdots + x_n^2} \qquad (公式 14.13)$$

我们的向量的模如公式 14.14 所示：

$$\left\| \begin{bmatrix} 1 \\ 1 \end{bmatrix} \right\| = \sqrt{1^2 + 1^2} = \sqrt{2} \qquad \text{（公式 14.14）}$$

由此可以产出单位特征向量，如公式 14.15 所示：

$$\begin{bmatrix} 1 \\ 1 \end{bmatrix} / \sqrt{2} = \begin{bmatrix} 0.707 \\ 0.707 \end{bmatrix} \qquad \text{（公式 14.15）}$$

我们可以使用 Numpy 类库验证计算结果的正确性。eig 函数会返回一个特征值和特征向量的元组，如代码 14.2 所示。

**代码 14.2**

```
# In[1]:
import numpy as np
w, v = np.linalg.eig(np.array([[1, -2], [2, -3]]))
print(w)
print(v)

# Out[1]:
[-0.99999998 -1.00000002]
[[ 0.70710678  0.70710678]
 [ 0.70710678  0.70710678]]
```

## 14.1.3 进行主成分分析

向我们使用 PCA 来将二维数据减少到一个维度，数据如表格 14.2 所示。

**表 14.2**

| x1 | x2 |
| --- | --- |
| 0.9 | 1 |
| 2.4 | 2.6 |
| 1.2 | 1.7 |
| 0.5 | 0.7 |
| 0.3 | 0.7 |
| 1.8 | 1.4 |
| 0.5 | 0.6 |
| 0.3 | 0.6 |
| 2.5 | 2.6 |
| 1.3 | 1.1 |

PCA 的第一个步骤是从每个观测得来的解释变量上减去均值，如表格 14.3 所示。

表 14.3

| $x_1$ | $x_2$ |
|---|---|
| $0.9 - 1.17 = -0.27$ | $1 - 1.3 = -0.3$ |
| $2.4 - 1.17 = 1.23$ | $2.6 - 1.3 = 1.3$ |
| $1.2 - 1.17 = 0.03$ | $1.7 - 1.3 = 0.4$ |
| $0.5 - 1.17 = -0.67$ | $0.7 - 1.3 = -0.6$ |
| $0.3 - 1.17 = -0.87$ | $0.7 - 1.3 = -0.6$ |
| $1.8 - 1.17 = 0.63$ | $1.4 - 1.3 = 0.1$ |
| $0.5 - 1.17 = -0.67$ | $0.6 - 1.3 = -0.7$ |
| $0.3 - 1.17 = -0.87$ | $0.6 - 1.3 = -0.7$ |
| $2.5 - 1.17 = 1.33$ | $2.6 - 1.3 = 1.3$ |
| $1.3 - 1.17 = 0.13$ | $1.1 - 1.3 = -0.2$ |

接着，我们必须计算数据的主成分。回顾一下，主成分是数据协方差矩阵的特征向量，由对应的特征值进行排序。主成分可以使用两个不同的技巧求出。第 1 个技巧需要计算数据的协方差矩阵。因为协方差矩阵是一个方阵，我们可以使用上一节内容中描述的方法来计算特征向量和特征值。第 2 个技巧是使用数据矩阵的奇异值分解来找出协方差矩阵的特征向量以及特征值的平方根。我们将使用第 1 个技巧来解决一个例子，然后描述第 2 个技巧，即被 scikit-learn 类库的 PCA 实现使用的技巧。矩阵 $C$ 是数据的协方差矩阵，如公式 14.16 所示：

$$C = \begin{bmatrix} 0.687 & 0.607 \\ 0.607 & 0.598 \end{bmatrix} \qquad （公式\ 14.16）$$

使用上一节内容中描述的技巧，可得特征值为 1.250 和 0.034。公式 14.17 是单位特征向量：

$$\begin{bmatrix} 0.732 & -0.681 \\ 0.681 & 0.733 \end{bmatrix} \qquad （公式\ 14.17）$$

接下来，我们将把数据投影到主成分上。第 1 个特征向量拥有最大的特征值，是第一主成分。我们将构建一个转换矩阵，矩阵的每一列都是对应一个主成分的特征向量。如果我们把一个五维数据集减少到三维，我们需要创建一个 3 列的矩阵。在这个例子中，我们将把我们的二维数据集投影到一维上，因此我们仅仅使用第一主成分的特征向量。最后，我们将计算数据矩阵和转换矩阵的点积。公式 14.18 是展示了将数据投影到第一主成分上的结果：

$$\begin{bmatrix} -0.27 & -0.3 \\ 1.23 & 1.3 \\ 0.03 & 0.4 \\ -0.67 & -0.6 \\ -0.87 & -0.6 \\ 0.63 & 0.1 \\ -0.67 & -0.7 \\ -0.87 & -0.7 \\ 1.33 & 1.3 \\ 0.13 & -0.2 \end{bmatrix} \begin{bmatrix} 0.733 \\ 0.681 \end{bmatrix} = \begin{bmatrix} -0.40 \\ 1.79 \\ 0.29 \\ -0.90 \\ -1.05 \\ 0.53 \\ -0.97 \\ -1.11 \\ 1.86 \\ -0.04 \end{bmatrix} \qquad （公式 14.18）$$

许多 PCA 的实现，包括 scikit-learn 类库中的实现，都使用了奇异值分解来计算特征向量和特征值。SVD 如公式 14.19 所示：

$$X = U\Sigma V^T \qquad （公式 14.19）$$

在公式中，$U$ 的列是数据矩阵的左-奇异向量，$V$ 的列是数据矩阵的右-奇异向量，$\Sigma$ 的对角线是数据矩阵的奇异值。虽然一个矩阵的奇异向量和奇异值在一些信号处理和统计应用中非常有用，我们关注它们只是因为它们和数据矩阵的特征向量和特征值相关联。特别地，左-奇异向量是协方差矩阵的特征向量，$\Sigma$ 的对角元素是协方差矩阵特征值的平方根。计算 SVD 已经超出了本书的范围，但是使用 SVD 计算特征向量应该和从协方差矩阵得出的特征向量很相似。

## 14.2　使用 PCA 对高维数据可视化

通过对二维或三维数据进行可视化能轻松地发现特征。一个高维度数据集无法用图表进行表示，但是我们依然可以通过将其减少到两个或者 3 个主成分来获取一些对其数据结构的洞察。Fisher 鸢尾花数据集形成于 1936 年，是一个来自 3 种鸢尾花的 50 个样本的集合，包括：山鸢尾、维吉尼亚鸢尾和变色鸢尾。解释变量是对花朵的花瓣和萼片长度和宽度的测量。这个鸢尾花数据集经常被用来测试分类模型，它也包含在 scikit-learn 类库中。让我们将这个鸢尾花数据集的维度从四维减少到二维以便我们能将其可视化。

首先，我们会加载内建的 iris 数据集，并实例化一个 PCA 估计器。PCA 类会接收主成分的数量，并将其保存为一个超参数。和其他的估计器一样，PCA 暴露一个 `fit_transform` 方法，方法将返回减少维度后的数据矩阵。最后，我们将整合并绘制出减少维度后的数据。如代码 14.3 所示。

**代码 14.3**

```
# In[1]:
import matplotlib.pyplot as plt
from sklearn.decomposition import PCA
from sklearn.datasets import load_iris

data = load_iris()
y = data.target
X = data.data
pca = PCA(n_components=2)
reduced_X = pca.fit_transform(X)

red_x, red_y = [], []
blue_x, blue_y = [], []
green_x, green_y = [], []
for i in range(len(reduced_X)):
    if y[i] == 0:
        red_x.append(reduced_X[i][0])
        red_y.append(reduced_X[i][1])
    elif y[i] == 1:
        blue_x.append(reduced_X[i][0])
        blue_y.append(reduced_X[i][1])
    else:
        green_x.append(reduced_X[i][0])
        green_y.append(reduced_X[i][1])
plt.scatter(red_x, red_y, c='r', marker='x')
plt.scatter(blue_x, blue_y, c='b', marker='D')
plt.scatter(green_x, green_y, c='g', marker='.')
plt.show()
```

减少维度后的实例如图 14.6 所示。数据集的 3 个类由不同的标记表示。从数据的二维视图中，很明显其中一个类可以轻松地和另外两个类分开。如果没有图像表示，了解数据的结构将会很困难，这项洞察可以影响我们对分类模型的选择。

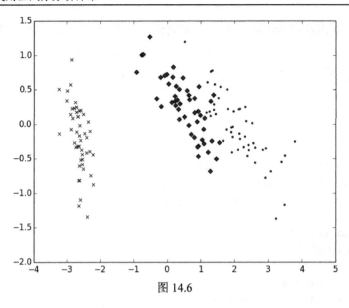

图 14.6

## 14.3 使用 PCA 进行面部识别

现在让我们将 PCA 运用到一个面部识别问题。面部识别是一项监督分类任务，它需要通过一个人的面部图片来识别一个人。在这个例子中，我们将使用一个来自 AT&T 剑桥实验室称为"我们的脸部数据库"的数据集。这个数据集包含 40 个人，每人包含 10 张图片。这些图片在不同的光照条件下创建，受试者的表情各不相同。这些图片均为灰度图片，使用像素表示，图 14.7 是其中一张图片。

图 14.7

虽然这些图片尺寸都很小，但是一个编码了每个像素强度的特征向量将具有 10304 个维度。为了避免过度拟合，训练如此高维度的数据需要许多样本。相反，我们将使用 PCA 以一种少量主成分的方式来创建图像的紧凑表示。我们可以将一张图片的像素强度的矩阵变形为一个向量，同时创建一个由所有训练图片组成的矩阵。每张图片都是一个该矩阵主成分的线性组合。在面部识别的情景中，这些主成分被称为特征脸。特征脸可以被认为是面部的标准化成分。数据集中的每张脸都可以表示为特征脸的组合，并且可以由最重要特征脸的组合来逼近。首先我们将这些图片加载进 Numpy 数组中，并将它们的像素强度矩阵变形为一个向量。然后，我们使用 scale 函数将数据标准化。回顾一下，标准化数据具有 0 均值和单位方差。因为 PCA 会尝试最大化主成分的方差，因此标准化非常重要。如果数据没有进行标准化，PCA 会对特征的单位和取值范围很敏感。相关代码如代码 14.4 所示。

**代码 14.4**

```
# In[1]:
import os
import numpy as np
from sklearn.cross_validation import train_test_split
from sklearn.cross_validation import cross_val_score
from sklearn.preprocessing import scale
from sklearn.decomposition import PCA
from sklearn.linear_model import LogisticRegression
from sklearn.metrics import classification_report
from PIL import Image

X = []
y = []

for dirpath, _, filenames in os.walk('att-faces/orl_faces'):
    for filename in filenames:
        if filename[-3:] == 'pgm':
            img = Image.open(os.path.join(dirpath,
                filename)).convert('L')
            arr = np.array(img).reshape(10304).astype('float32') /
                255.
            X.append(arr)
            y.append(dirpath)

X = scale(X)
```

接着我们会随机将图片分为训练集和数据集，并使在训练数据上拟合 PCA 对象，如代码 14.5 所示。

**代码 14.5**

```
# In[2]:
X_train, X_test, y_train, y_test = train_test_split(X, y)
```

```
pca = PCA(n_components=150)
```

我们将所有实例的维度降低到 150 个维度，同时训练一个逻辑回归分类器。该数据集包含 40 个类，scikit-learn 类库会在背后使用一对多策略自动创建二元分类器。最后，我们使用交叉验证和一个测试集评估分类器的性能。在完整数据上训练的分类器对每个类的平均 F1 得分为 0.94，但是这明显需要更多的训练时间，同时在包含更多训练数据的应用中非常慢。相关代码如代码 14.6 所示。

**代码 14.6**

```
# In[3]:
X_train_reduced = pca.fit_transform(X_train)
X_test_reduced = pca.transform(X_test)
print(X_train.shape)
print(X_train_reduced.shape)
classifier = LogisticRegression()
accuracies = cross_val_score(classifier, X_train_reduced,
  y_train)
print('Cross validation accuracy: %s' % np.mean(accuracies))
classifier.fit(X_train_reduced, y_train)
predictions = classifier.predict(X_test_reduced)
print(classification_report(y_test, predictions))

# Out[3]:
(300, 10304)
(300, 150)
Cross validation accuracy: 0.807660834984
```

|  | precision | recall | f1-score | support |
|---|---|---|---|---|
| att-faces/orl_faces/s1 | 0.50 | 1.00 | 0.67 | 1 |
| att-faces/orl_faces/s10 | 1.00 | 1.00 | 1.00 | 3 |
| att-faces/orl_faces/s11 | 1.00 | 0.67 | 0.80 | 3 |
| att-faces/orl_faces/s12 | 1.00 | 1.00 | 1.00 | 5 |
| att-faces/orl_faces/s13 | 0.00 | 0.00 | 0.00 | 0 |
| att-faces/orl_faces/s14 | 1.00 | 1.00 | 1.00 | 4 |
| att-faces/orl_faces/s16 | 1.00 | 1.00 | 1.00 | 2 |
| att-faces/orl_faces/s17 | 0.67 | 1.00 | 0.80 | 2 |
| att-faces/orl_faces/s18 | 1.00 | 1.00 | 1.00 | 2 |
| att-faces/orl_faces/s19 | 0.83 | 1.00 | 0.91 | 5 |
| att-faces/orl_faces/s2 | 0.33 | 1.00 | 0.50 | 1 |
| att-faces/orl_faces/s20 | 1.00 | 1.00 | 1.00 | 2 |
| att-faces/orl_faces/s21 | 1.00 | 1.00 | 1.00 | 2 |
| att-faces/orl_faces/s22 | 1.00 | 1.00 | 1.00 | 1 |
| att-faces/orl_faces/s23 | 0.67 | 1.00 | 0.80 | 2 |
| att-faces/orl_faces/s24 | 1.00 | 1.00 | 1.00 | 3 |

| | | | | |
|---|---|---|---|---|
| att-faces/orl_faces/s25 | 1.00 | 1.00 | 1.00 | 2 |
| att-faces/orl_faces/s26 | 1.00 | 1.00 | 1.00 | 3 |
| att-faces/orl_faces/s27 | 1.00 | 1.00 | 1.00 | 1 |
| att-faces/orl_faces/s28 | 1.00 | 0.50 | 0.67 | 4 |
| att-faces/orl_faces/s29 | 1.00 | 1.00 | 1.00 | 5 |
| att-faces/orl_faces/s3 | 1.00 | 1.00 | 1.00 | 3 |
| att-faces/orl_faces/s30 | 1.00 | 0.67 | 0.80 | 3 |
| att-faces/orl_faces/s31 | 0.75 | 1.00 | 0.86 | 3 |
| att-faces/orl_faces/s32 | 1.00 | 1.00 | 1.00 | 3 |
| att-faces/orl_faces/s34 | 1.00 | 0.83 | 0.91 | 6 |
| att-faces/orl_faces/s35 | 0.50 | 0.33 | 0.40 | 3 |
| att-faces/orl_faces/s36 | 1.00 | 1.00 | 1.00 | 3 |
| att-faces/orl_faces/s37 | 1.00 | 0.75 | 0.86 | 4 |
| att-faces/orl_faces/s38 | 1.00 | 1.00 | 1.00 | 3 |
| att-faces/orl_faces/s39 | 1.00 | 1.00 | 1.00 | 2 |
| att-faces/orl_faces/s4 | 1.00 | 0.75 | 0.86 | 4 |
| att-faces/orl_faces/s40 | 0.00 | 0.00 | 0.00 | 0 |
| att-faces/orl_faces/s5 | 1.00 | 0.67 | 0.80 | 3 |
| att-faces/orl_faces/s6 | 1.00 | 1.00 | 1.00 | 1 |
| att-faces/orl_faces/s7 | 1.00 | 1.00 | 1.00 | 3 |
| att-faces/orl_faces/s8 | 1.00 | 1.00 | 1.00 | 2 |
| att-faces/orl_faces/s9 | 1.00 | 1.00 | 1.00 | 1 |
| | | | | |
| avg / total | 0.94 | 0.90 | 0.91 | 100 |

## 14.4 小结

在本章内容中，我们检测了降维问题。高维度数据将会受到维度诅咒问题的影响。估计器需要更多的样本从高维度数据中实现泛化。我们可以使用一项称为 PCA 的技巧来缓和这些问题，该项技巧会通过将数据投影到低维度子空间，将一个高维度、可能相互关联的数据集降维到一个线性不相关主成分组成的低维度数据集。我们使用了主成分分析在两个维度上对四维鸢尾花数据集进行可视化，同时还创建了一个面部识别系统。

这一章是本书的结尾。我们已经讨论了各种各样的模型、学习算法、性能衡量方式以及它们在 scikit-learn 类库中的实现。在第一章中，我们将机器学习程序描述为那些在一个任务中从经验中学习以提升性能的程序。在后续的章节中，我们通过一些例子证明了一些在机器学习最常见的经验、任务和性能衡量方式。我们在披萨的直径上回归了披萨价格，同时对垃圾邮件和非垃圾邮件文本信息进行分类。我们使用主成分分析进行面部识别，创建了一个随机森林来阻拦横幅广告，同时使用 SVM 和 ANN 来优化字符识别。我希望你已经能够以自己的经验将 scikit-learn 类库和本书中例子运用于机器学习中。感谢你阅读本书。